同成社近現代史叢書⑭

明治がつくった東京

伊藤一美・木下栄三・野中和夫 編

同成社

はしがき

江戸時代の息づかいがようやく治まりかけた明治五年。それは新生日本の新暦改変の年で丁度実物大の異国文化が足音高く侵入しはじめた頃でもであった。まさにその時、狼煙の如く燃え上がった銀座大火は積み残された「江戸火事」に対してまるで魔法をかけたかのように、わずか五年で銀座一帯を煉瓦街に変身させた。しかもそこにはガス灯が点り並木までもが町々を装った。しかし、その華やかさの一方で明治十年と翌年には西郷隆盛と大久保利通という維新の原動力であり新生日本の大黒柱になるはずだった二人を時代のひずみによって失い、早くも明るく治めると書く「明治」に影がさした。

そんななかでも東京は地熱が沸き出すようにゆっくりではあるが確実に江戸から脱皮する気配を見せはじめていた。明治十年代には眼目の「東京防火令」に加え、続く「市区改正計画」では道路、河川、下水道など土木工事を中心に幅広く議論されはじめたのであった。しかしそれらは都市計画の本質である人々の生活と一体化した都市概念にはまだ程遠くやっと入口に立ったに過ぎないものであった。

しかしながら一〇年後の「市区改正条例」ではより具体的に区域、道路、橋、公園、市場、劇場、市街鉄道、火葬場などがきめ細かく組み込まれ、さらには世界中を恐怖に陥れたコレラなどの伝染病予防と消火設備としても役立つ近代水道が横浜や函館などに次いで明治三十一年には東京にも整備された。これらは長い陣痛期を経て大正八年公布の都市計画法に引き継ぐ地ならし役を十分に果たしたのであった。

駕籠から進化したばかりの人力車を追い抜いた乗合馬車、それを軽快に過ぎ去った鉄道馬車が瞬きする間もなく西洋仕立ての鉄道に抜き去られ明治という時代は突き進んだ。

さて、幕末から明治中期にかけて日本の近代化において忘れてはならないことの一つに続々と来日したお雇い外国人の影響力があった。本書にある都市整備関連に限っても彼らの功績は少なからず現代の日本の骨格の一部を成しているといっても過言ではない。初期に来日した宣教師フルベッキは人間の平等性、国際法など近代国家の制度的基礎を教え、銀座煉瓦街計画のウォートルスは目に見える「欧化」と防火外壁材の煉瓦を伝えた。ポンペ、ベルツの医学、モレルの鉄道、ダイアーの工業技術、建築のコンドル、地質学のミル、衛生学のバルトンなどまさに多士済々であった。また東京の都市計画では賞賛と苦汁を味わいながらもエンデ、ベックマン、ホープレヒトなどが官庁集中計画を、ルムシュッテルは高架鉄道計画で新しい都市風景を示した。しかし、なかでも重要なことは彼らの多くが思想や技術の伝達だけでなく日本を牽引する次代の指導者を育てたことであった。

その日本が独り立ちするための大きな試練として、目の前に立ちはだかったのが長年の懸案事項であった最大の国家的事業「明治宮殿御造営」であった。漸く機が熟し明治十七年に着工するとわずか四年半という厳しい工期で二十一年秋に完成し、翌年には明治天皇が移徙している。宮内庁直轄でもあったこの工事はお雇い外国人の指導や外国の技術、製品などを採りいれながらもそこに日本の伝統技術と文化芸術を調和させた壮大で格調高い建築であったが、残念ながら昭和の空襲で焼失してしまった。しかしこの事業が果たしたもう一つの大きな功績であったといえることは建築の領域を超えたいわば「未来の都市インフラへの挑戦」とも言える道路、橋梁、水道、電気、コンクリートなどの土木的な新技術を含んだ広範囲、高難度の仕事であったことであり、かつこれらを失敗の許されない想像を絶する重圧の中で見事にやり遂げたことであった。
さて、建築土木などはその後、明治二十九年にはコンドルの弟子辰野金吾が常磐橋御門の真正面に、日本人ではじめて自力で日本銀行を完成させ、明治後期には同じく弟子の片山東熊が明治宮殿に関った経験を活かしながら、再び国の技術、芸術の総力を結集して西欧の宮殿に対しても遜色ない明治建築の最高峰である東宮御所（現在の国宝赤坂迎賓館）を完成させた。さらに明治末年に辰野のライバル妻木頼黄は現存する東京のシンボル日本橋の石造化工事を装飾様式担当として、土木技師米元晋一らと共同で完成させた。

思えば明治のはじめ、わずか数人の新政府の実力者が異国から「富国強兵」や「欧化主義」などの劇薬を持ち帰り、日本中に振りまいたことで進取の気性の風が吹き、ある日突然映画のセットのような「銀座煉瓦街」から始まった明治の東京は、日清戦争と同じ年に完成した三菱一号館から再び新しいタイプでの西欧化が始まった。しかし一〇年後の日露戦争が終わった頃には経済の疲弊で多くの都市整備は停滞し、港湾、輸送などの軍事的整備が最優先された。その後人々に近代都市整備の意識が本格的に高まるまでには明治、大正を越え、震災復興期を除けば実に半世紀の年月を要したのであった。

しめて四四年間。半ばには早くも小高い丘に立ち、やがて背伸びして一瞬だけ世界を眺めた「明治」という時代。奇しくもこの時代の人々の平均寿命と同じだけ生き、私達の「東京」をつくった明治という時代は「奇跡的」でさえあった。

木下栄三

目次

挿絵：木下栄三画（7頁・20頁・63頁・75頁）

明治がつくった東京

第一章　新生・東京の都市整備と皇城の近代化

江戸幕府が倒れて江戸城は皇城となり、新たな日本の近代化を進める天皇制国家の拠点となった。近代国家として欧米諸国に対等に向きあえる国家組織と天皇権力を早急につくりあげ、西洋文明をとりいれた皇城とすること、その際に、まずは新生皇都「東京」の都市整備をすることが要請された。なかでも火災に強い都市とすることが必要であった。本章では、この点を中心に概説する。さらに、こうした都市の改造計画とは一線を画すが、皇城もまた諸外国との外交儀礼を果たすことのできる施設・設備の近代化を目指していくことになる。第二節では、新たに公開された宮内公文書館蔵の史料を中心に、その整備過程を述べていく。

一　明治初年の東京市火災対応都市プランと明治政府

明治新政府のおひざ元・東京。江戸から東京と呼び方は変わったが、住まう人々の環境は江戸時代そのままといってもよかった。狭くてかぎ型の道、細い路地を人力車や馬車が忙しく行きかう。交通事故も増えていた。そして何よりも「江戸の華」といわれた火事も相変わらず多かった。

こうした被害をいかにおさえ、近代国家日本の皇都として確立していこうとしたか、初期の明治政府と東京府庁の火災防止対応策を池田真歩氏の研究成果によりながら述べていこう。

1　燃えない町造りとその施策

明治五年（一八七二）二月二十六日（四月三日）、銀座は大火に見舞われた。およそ二九〇〇戸が焼けたという。銀座そのものが商業地域であったことからその復興は急がれた。大蔵省の井上馨らは早速に英国のレンガ街をモデルにした構想をたちあげる。お雇い外国人トーマス・ヲートルスを起用して、ガス灯や下水溝などを含んだ道路整備計画で東京改造のモデル事業となるはずだった。

明治六年十二月、再び大火事は発生、およそ四九〇〇戸が焼け出された（東福田町火災）。

しかし井上の去った大蔵省には動きはなく、東京府が独自に対策をとることとなる。その施策は、「不燃化」を基本とするが、表道路に面した側は「蔵造」「塗屋造」家屋のみ許可して、そのほかは「瓦屋根」とするなどとした（明治六年十二月十五日東京府達一四七号・東京都編『東京市史稿』市街編第五五・一九六四）。

同九年十二月、数寄屋橋を中心にした大火が発生。およそ八九〇〇戸が焼失する。府庁は、すぐに指令をだす。半年以内に規制に達しない家屋の強制的取り壊しを地主たちに命じた。だがこの強硬策も猶予してほしいという申請が増加し、またその認定を緩やかにしていったので、なし崩し的に骨抜きとなった（『東京市史稿』第六九・一九六七）。

明治十一年（一八七八）三月、首都の繁華街ともいうべき黒門町の大火事発生は、新たな施策を呼び起こすこととなった。参議の大隈重信による「火災保険取調」、つまり国による強制的な保険加入策であった。そのための地域実態調査も行われ、大蔵省内部では建築規制と住宅改良資金提供などの法令整備も議論されはじめていた。

東京府庁の火災保険取調委員であった伊藤徹や河出良二らは、大蔵省と折衝しながら、「家作制限の議」を大隈に出した。その内容のポイントとして、「屋上の制限」と「家屋改良の資金融資」策に関しては火災防止には役立たないこと、ましてや融資は資金回収に問題があること、建物の構造に関しては「煉瓦造・土蔵造・塗屋造」のみ許可すること、などを主張していた（藤森照信『明治の東京計画』（岩波書店、一九八二年）。しかし、なかなかまとまらなかった。その後の経緯はいくつかあるが、燃えない街並みへの皇都計画は展開する。

2　国の施策に組み込まれた東京市構想へ

明治十二年（一八七九）箔屋町で大火が起きた。日本で最もにぎやかな街であった日本橋、京橋地区が焼失してしまったのである。これを契機にして都市における不燃化の課題がさらに強く求められるようになる。

その中心となったのは東京府知事松田道之である。彼はこれまで京都府大参事、大津県令、内務大丞として、地方政治の改革から地租改正、そして町村合併から地方自治制度を生みだす成果をあげてきた（湯川文彦「三新法の原型」（史学雑誌第一二四の七・二〇一五）。

東京府知事に着任すると、大火後の対策を早速に進めていく。彼は、その実施のための資金としては

「府債」を政財界、有力府民などから募り、それは巨額に達したという。そのねらいは、繁華街のうちでも、都市の中央にあたる地域を大規模火災から守るための、整備資金を獲得するというものでもあった。

明治十四年（一八八一）二月、警視総監と府知事松田名で通称「防火令」といわれる府達が出された（東京府甲第二七号『東京市史稿』市街編第六四・一九七三）。

その主な内容は、神田・日本橋・京橋地区の特定道路や運河に面する家屋については、煉瓦・石・土蔵造のみに建築の許可を与えること、また麹町区を含み、先の三つの地区には瓦・石・金属瓦葺きの建物のみ許可し、それは既存の家屋にも適用させ、期限つき規制対象としたのであった。

こうした施策は府知事松田による「中央市区」構想の一環とも結びついていた。それは新たな東京湾港湾施設の整備もからまって、東京を皇都の商業都市として発展させようとするものでもあった。しかし松田は明治十五年（一八八二）四三歳で死去してしまったのである。

松田の後を継いだ府知事の芳川顕正は、新たに「市区改正」の調査組織（東京市区改正審査会）をたちあげる。彼が、実は内務省の職員をも兼ねるということがその性格の一端を表していた。

つまり、国の政策を意識した人事であったのだ。内務省・農商務省・工部省・陸軍・警察・東京商工会からその審査会の人選がなされ、当事者である東京市からは、府知事の芳川（審査会長）ほかわずかに三人が委員となっただけであった。

当初の会議では、芳川の提案による道路・橋・鉄道などの計画も含めた都市の防火改造計画であったが、次第に国側の意見が強く出されるようになっていった。とくに外務卿井上馨が内閣直属である臨時建築局の認可を請けて、新たに官庁街の整備意見を出すようになっていくに従い、委員内でも意見対立や勢力争いが激しくなり、次第にその主導権は内務省が握るようになっていった。

だが歩みは鈍いが、明治二十一年（一八八八）三月、「市区改正設計」ができあがる。それは道路整備を中心にしたもので、市街鉄道の敷設計画とも連動し、道路交通整備とともに近代上下水道整備計画も含む、長期的で総合的な都市・皇都東京市改造の青写真でもあった。

3　皇都改造の方向性

都市の不燃化を求めながらも、その後の皇都東京がどのように都市として改造されていくか、ここではおおよその方向性について、ふれておきたい。

先の「市区改正設計」は、提出先の元老院では、首都の整備よりは軍備増強への強い意向があり、条例案は否決されていく。しかし政府は天皇の勅令を得て、これを実行させようとした。明治二十一年八月十七日、「東京市区改正条例」が生まれる（明治二十一年勅令第六二号）。その主眼は幹線道路を中心とした交通網の整備であり、また上下水道など生活基盤の整備をも盛りこまれたものであった。だが厳しい財政にその実行は、明治三十六年（一九〇三）の「東京市区改正新設計」の策定まで延びることとなった。財源については一般外債を募り、また建設中の市街鉄道からも納付金を徴収させて、その資金としていったのである。この時の幹線道路の設計が後の市電路線と重なっていくのはこうした背景があったからである。

なお、この「新設計」は皇都東京の中央部における交通網、とくに橋の敷設や新たな整備、さらには都民に直結する近代水道の導入整備をも射程に入れたものであることも重要である。その実態については、

第三章以降で個別に述べられることになる。

二　近代化する皇居のすがた

明治六年（一八七三）五月五日、明治天皇が皇城として使用されていた西の丸仮御殿が全焼した。それは徳川将軍家が元治年間（一八六四〜六五）に建てさせたものであった。その後、皇室の重要な儀礼の場と住まいとして、明治二十一年（一八八八）十月、西の丸に表宮殿、山里に奥宮殿、宮中三殿を吹上として竣工完成する。そして宮城と呼び方も変わっていく。そのなかの正殿は明治憲法発布の舞台でもあった。以降長い歴史をもった明治宮殿であったが、昭和二十年（一九四五）五月の米軍による参謀本部爆撃により、類焼してしまったのである。

本節では、宮内公文書館蔵の「皇居御造営誌」と「皇居造営録」から明治宮殿の建設がどのように進められていったのかを、これらの史料を長年にわたり調査された野中和夫氏の成果によって計画段階からの流れに即して述べていく。

1　まぼろしとなった謁見所・食堂建築

明治二年（一八六九）三月二十八日、天皇は東京に再幸される。西の丸西側の山里に賢所が設けられ、楓山（紅葉山）の下に女官部屋が置かれる。明治元年十月にはじめて天皇が東京行幸に際して入られたのも西の丸であった。前述したように明治六年（一八七三）五月の女官部屋からの火事により皇城の仮宮殿

西丸大手門から明治宮殿へ

は炎上し、赤坂離宮が仮の皇城と定められた。

同年九月、宮内省は太政官に謁見所をはじめ外国の貴賓を饗膳する食堂などの建設を上申する。皇居の炎上で各国王族や公使の謁見・待遇する場所もなく、過日のイタリア皇子謁見も狭い吹上御茶屋で行わざるを得ず、礼を欠くことにもなるとある（造営誌四）。

さらに接待用の器具や諸道具なども不備で、寒い時期などは来賓への接遇にも差しさわりがでるとも述べている。しかし太政官からは従来のようにせよ、と回答があった。

明治九年（一八七六）五月二十三日、太政官からは、一部二階建てで洋館造り建物、大広間（一階）の右が謁見所、左側が食堂、二階に客室が描かれる下調図と予算書が送られてきた。予算総額は一二万九四二六円八四銭であった。建設予定地は西の丸二重橋のなかに定め、謁見所としての縄張図が先の下調図で、お雇い外国人バンビルの設計である。

謁見所建設の途中、明治十二年（一八七九）の地震で石造建築に亀裂が入り、工事は中止となる。他の記録にはみられない地震であるが、城内の地盤が軟弱であったことを示している。政府工部省の技術者立川知方は、耐火性はあるが石造建築の耐震構造性に課題があること、木造建築の優位性を営繕局長平岡通義に上申している。同年七月二十四日にすでに天皇の御覧を経てはいたが、結局、西の丸山里に新宮殿の造営候補地が決まる。赤坂仮皇城での謁見所・食堂建設は幻に終わったのである。

2　皇居造営事務局の成立

石造建築の問題とともにお雇い外国人コンドルによる地質調査結果は、多額の地盤改良費用がかかることも、その進行を躊躇させた。新宮殿は石造から木造建築への計画となったのである。明治十四年（一八八一）四月、天皇は新宮殿縄張図を御覧になられ、それは木造の謁見所と饗応所が別棟となって廊下で結ぶ形となっていた。

こうした状況下、海軍中将で宮内省御用掛の榎本武揚を皇居御用掛に引きぬく。早速に彼は山里へ西洋風石造の謁見所建設、吹上に常御殿建設計画案を提案した。明治十四年十月、宮内卿徳大寺実則から建設予定地の地質不良、経費計上の不具合を理由により榎本案を廃案とする旨連絡が入る。宮内卿徳大寺による「日本造」建築へのこだわりであった。しかし、明治十五年（一八八二）五月、太政大臣三条実美は自身が皇居造営事務局総裁に、榎本武揚を同副総裁とする人事が行われた。六月には旧西の丸内二重橋際に造営事務局の開設が上申される。榎本はお雇い外国人コンドルの採用上申と彼への宮殿設計を企画した。榎本はその後転出するが、後任の宍戸璣がその事業を進めていくこととなる。

3　コンドル設計案と宮内卿徳大寺実則の異見

明治十五年（一八八二）、コンドルによる「皇居山里正殿並吹上宮内省庁舎設計図」が完成、なかでも「皇居山里正殿全面図」は全てが二階建ての洋風宮殿となっていた。そして、謁見所・常御殿・女官部屋など役所建設場所が吹上ということで、以前からの宮内省案が浮上した。

同年八月、総裁三条実美と宮内卿徳大寺実則らが吹上の縄張りを検視する。九月、徳大寺と造営事務局副総裁の宍戸璣がやはり同所を検視する。その時にコンドルが「震災予防意見書」を提出した。彼はそれ以前から同山里・吹上地区の地質調査を行っていたからであった。そして、これまでの担当事務局は、翌年から「皇居御造営事務局」と「御」字が冠され、新たな活動が開始される。

明治十六年（一八八三）二月、宮殿設計図と経費予算書案が太政官に出された。予算案は総計で約八〇〇万円、しかもすでに十二年からの支出で一〇〇万円もかかっていたのである。

建物正殿は様式で、外装部は上等の石材を使用、内装部は「賢實ナル煉瓦石ヲ以テ畳ミ一切ノ装飾ハ多ク国産ノ織物金物磁器彫刻物紙類ヲ用ヒ箇所ニ依リテハ金銀ヲ點用スルコトアル可シ」とし、和式上等部は全てが檜無筋材を使用、「凡西京、皇居ニ伯仲スルヲ目途トシ屋根ハ上等部ヲ銅葺トス」というものであった。まさに豪華な企画設計図であった。しかも多額の経費が必要となったのである。

同年四月十四日、宮内卿徳大寺から上申書が太政官に出される。彼は以前から石造建築の謁見所建設には反対の意向であった。その理由は、山里が地質不良であること、謁見所は皇居正殿の体裁をなしていないことなどを指摘、それを皇居内に設置することは不都合であるとして、仮皇居であった赤坂離宮への建設案を提起したのであった。

四月二十四日、太政官は皇城内への謁見所建設を却下した。太政大臣三条よりも宮内卿徳大寺の権威がいかに強かったかを示すものといえるだろう。

4　新宮殿建築は西の丸・山里へ

明治十六年（一八八三）七月、皇居御造営事務局は、新宮殿建築の場所を西の丸・山里に決定、賢所と神嘉殿を吹上とした。但し、「仮皇居」とされていることから本丸地区への最終的な移転を考えていたことが察せられる。

予定の新宮殿は和様建築で工期は五年、予算は二五〇万円であった。その建築手順がはかどるように、四つの工期にわけ、一区（賢所・神嘉殿・両常御殿・女官部屋）、二区（表宮殿御車寄・謁見所・饗宴所・後席之間・御学問所・御厩等）、三区（宮内省調理所等）、四区（釣橋架設下濠埋立・地違石垣築造・水道・橋梁・瓦斯・庭園等土木ノ工事）となっている。ここにはかなり具体的な姿がみえてきている。後に完成した建物竣工図と比べると少しの違いはあるが、ほぼこの基本工期計画を踏襲している。

新宮殿建設着手までの流れを述べよう。

明治十六年（一八八三）十一月、皇居御造営事務局は五年の事業計画案、予算案を提出、十二月十七日太政官はそれを裁可する。翌年四月、御造営事務局総裁が廃止となり、宮内省直轄の部局となった。四月十四日、吹上御造営場へ天皇が行幸なされ、臨時御造営縄張を天覧なされた。

人事も動き、翌十五日づけで宮内大輔の杉孫七郎が御造営事務局長となる。すでに宮内卿徳大寺実則は侍従長に転任、宮内卿は伊藤博文となっていた。

5　地鎮祭から着工へ

明治十七年（一八八四）四月十五日、宮内省式部寮は新宮殿造営のための地鎮祭次第を発表した。同十七日午前十時から式部寮祭場の予定である。青竹が四隅に、注連縄が引き回され、中央には仮幄を建て、その四方に班幔が張りまわされる。中央に簀薦が敷かれて高案二脚に供饌が置かれていた。神饌祝詞・地鎮祝詞が奏上され、祭典奉仕人の掌典桜井能監ほか奏楽担当の山井秀萬・東儀頼玄ほかが儀式を進めた。着床人としては宮内大輔杉孫七郎以下六人、他に宮内省局員が参列している。

すでに前年の十一月十七日には宮内省は地形作業をはじめているが、正式にはこの日からが建設工事の着工となったのである。

6　進む宮殿建設

先に四区に分けて新宮殿の建設が進行する計画であることにふれてきたが、主な建物の竣工状況をみてみよう。

第一区では、聖上常御殿が明治十七年（一八八四）八月十五日に木組開始、竣工は同二十年（一八八七）十二月八日で皇后宮常御殿も同日完成した。典侍部屋は同十八年十月三日に地形着手、木組は同十九年三月二十二日、竣工は同二十年四月二十一日となる。賢所は同十七年五月二十一日に地形着手、木組は同年七月一日、竣工は同十九年十一月二十五日である。

第二区は、御車寄が明治十七年八月二日地形着手、木組が同十七年十二月十五日、竣工は同二十年七月十二日である。謁見所は同十八年六月九日地形着手、木組は同十八年九月一日、竣工は同二十一年五月二十三日であった。また饗宴所は同十七年十一月九日に地形着手、木組は同十八年九月六日、竣工は同二十年十一月三十日である。侍従職は同十八年六月十四日に地形着手、木組同十九年七月三日、竣工は同二十年八月十六日である。御学問所は地形着手が同十八年七月二十日、木組着手は同十八年十月七日、同二十年十一月二十日には竣工した。

第三区に位置する宮内省は、明治十六年十一月十七日に地形に着手し、同十九年六月十二日には小屋組がなされている。そして竣工完成は同二十一年六月十日となった。すでに皇居御造営事務局は廃止されていたのである。

第四区は主に外回りであるが、大手石橋が明治十九年三月五日地形に着手、竣工は同二十年十二月八日である。また二重橋の鉄橋は明治十九年十月三十一日地形に着手、竣工は同二十年二月二十九日となっている。

7　担当事務局の変遷

新宮殿の完成までには、これまでも少しふれたが、いくつもの事務担当の長は変わっていった。ここでまとめておきたい。

明治十四年（一八八一）四月十二日、宮内卿徳大寺実則から宮内少輔土方久元が御造営掛を命じられ、造営の縄張りがはじまった。同年五月七日には海軍中将で宮内省御用掛榎本武揚が皇居御用掛となる。そして同年十一月十五日には、宮内権大書記官の桜井純造から皇居御造営局の設置とその事務総裁を立てたいことが建議された。但し、皇居御造営掛は以前と変わらないとしている。こうした動きがあってから翌十五年五月、皇居造営事務局が置かれ、同総裁は三条実美、副総裁は榎本武揚となる。そして桜井は皇居御造営掛となった。だが同年八月十二日には副総裁は榎本から宍戸璣にかわる。

明治十七年（一八八四）四月十二日、太政官は皇居御造営事務局の総裁と副総裁名を廃止し、宮内省直轄とする。そしてその事務局長には宮内大輔の杉孫三郎が指名されたのである。

こうした変遷を、前項の新宮殿内の主な建物のうち、聖上常御殿や宮御殿の地形・木組着手時期とあわせて考えると、明治十七年の五月から七月頃にはすでに皇城内の諸建物について、宮内省が全てを所管する体制をはやくも取るべき準備をしていたと考えてよい。

一方で、御造営事務局の廃止は、多くの人事異動とともに建物完成後の残務整理を行う担当を残しておかなくてはならなかった。

それが皇居御造営残業掛というセクションであった。明治二十年（一八八七）十二月二十四日、内匠頭堤正誼が御造営残業掛長となり、皇太后宮太夫兼内蔵頭杉孫七郎、元老院議長平岡通義の三人が皇居御造営残業御用掛を命じられている。すでに彼らはこれまでの建設業務に関わってきた経験者達であった。そのほかに、残業装飾御用掛（調度局長三宮義種）、残業工事御用掛（内匠助麻見義修）、残業専務（任匠師大野利新・白川勝文・片山東熊・中溝則武）が、やはりこれまでの内装工事の総括とともに家具や装飾類の調製整備が主な仕事となっていくのであった。

明治二十一年（一八八八）十月六日、皇居御造営残業掛から宮内大臣に、最終の竣工が間近であること、同十日から宮殿向と諸門は宮内省の直轄となることを上申し、大臣からは八日づけで全ての所管事務を内匠寮に引き渡すことが命じられている。

そして同二十七日には、宮内大臣通達で皇居御造営が落成したことにより皇城から宮城とその呼び方も変わることが伝えられたのである。またこれに伴って十月三十一日づけで皇居御造営残業掛も廃止となり、会計は内蔵寮、工事は内匠寮、装飾品関係は調度局へ引き継ぐことが通達された。

8　新宮殿を内見する人々

明治二十年（一八八七）十二月十六日、ほぼ完成した新宮殿の饗宴所に宮内大臣以下勅任・奏任・判任官、お雇い外国人モールコンドル、イタリア人キヨソーネ、ドイツ人ハイゼーほか、さらには御造営に関わった関係省庁の職員達が興味深々と集まっていた。電灯器の点火試験をみるためであった。

実は、これ以前の、明治十九年七月二十一日、皇城内西側庭に小屋を設置し、「シリンドル蒸気鑵」を据えつけた。そこから事務局・上局、製図場の四隅の机上に電気線を数十カ所敷設して、電気がうまく点灯するのかどうかの実験を行っていたのである。この時も参観者は元老院議官宍戸璣、皇居御造営事務局長杉孫七郎、御用掛麻見義修、侍従富小路敬直ほか、博物館館長山高信離、工科大学教授辰野金吾など、多くの役人や文化芸術関係者がいた。なかでも東京電燈会社社長の矢嶋作郎がその中心といってもよかった。後の東京電力の前身会社で、明治十六年（一八八三）に会社を設立したばかりで、まだ一般には電気の供給はされていなかった時期である。電気通電等の効力試験は大成功であった。しかし、御造営事務局長はその不安感がぬぐわれないようであったためか、同月の二十九日に逓信大臣榎本武揚に電気と電気器具に関する調査を依頼していた。

こうした経過を経て、事務局は明治十九年十二月二十五日に東京電燈会社との約定書を結ぶこととなったのである。

9　新宮殿の完成・様々な技術と文化の集積で

新宮殿の完成は、明治はじめの、日本と世界の文化・芸術そして技術を駆使した作品集といってもよいだろう。

謁見所の東西溜間、饗宴所後席などには「暖温機械」がすえられた。それはドイツのカールローデ商会から東京京橋区刺賀商会を通じて購入設置したという。また大量の銅板およそ六十万枚が大阪製銅会社から納入された。表宮殿の屋根用のみならず装飾用の釘や釘隠、引手金具などにも使用されていったものである。さらに表宮殿の内装に使われるたくさんの和紙は装飾の必需品であった。なかでも大鷹質打出紙は天井絵に使われ、絵師狩野守貴他が法隆寺などの古代紋模様をそこに描いていた。日本画家久保田米仙や幸野梅嶺らが宮殿の東西化粧の間などの天井の絵を描いている。

そのほか、日本文化の伝統と技術を駆使した室内外の多くの装飾品類、文様、襖絵等が新宮殿に惜しみなく使われていったことが「皇居御造営誌」「皇居御造営録」をひもとけばよくわかる。

こうして新宮殿は完成していった。そこからは、新生明治国家の威信をかけた文化象徴としての意義を見出すことも可能ではないだろうか。

（伊藤一美）

第二章　明治宮殿造営と新技術の導入

明治天皇が明治元年（一八六八年）十月十三日に東幸、徳川政権下の元治度西丸仮御殿を仮宮殿とし、太政官をはじめとする各省が宮殿内に移転することで、仮宮殿が新政権の中枢の場となる。しかし、明治六年五月五日、女官部屋の出火がもとで仮宮殿は全焼する。

新宮殿の造営をめぐり、建築様式や位置を特定するにあたり紆余曲折するが、明治十六年七月十七日の太政官布達にもとづき、表宮殿を西丸、奥宮殿を山里、賢所神嘉殿を吹上にいずれも木造建築で建造することが決定する。明治二十一年十月二十七日に竣工し、翌年二月十一日に正殿で明治憲法発布式が執行されたのは周知の通りである。この新宮殿は、昭和二十年（一九四五）五月二十五日、桜田濠沿の参謀本部が爆撃され、その類焼によって灰燼に帰す。それは、竣工後五七年という短期間に加えて、明治宮殿造営に関する資料を所蔵する宮内庁書陵部図書課が原則、非公開のため建造物をはじめとする詳細なことは皆無に等しいものであった。平成二十二年（二〇一〇）四月、同課内に宮内公文書館の設立を契機として膨大な資料が公開され、明治宮殿造営が明治の近代化に大きく寄与していることが明らかになりつつある。

本章では、明治宮殿造営にあたり、東京府内における資材の搬入口と運搬方法、橋の架設と道路整備、沈澄池・濾池の建設と鉄管の敷設、電気の導入、主要な資材の生産と供給量等々について、各種資料をもとに具体的に述べるものである。

一　物揚場の整備と鉄路・地車

明治期における東京府内への資材の搬入は、江戸時代同様、船便が主体であった。江戸城築城後、大地震や大火の復旧では、外濠の見附近くに臨時の陸揚場を設けることがあり、史料には、神田橋脇・数寄屋橋河岸・龍ノ口等が登場する。元禄大地震の復旧では、内濠の天神濠の最深部、下梅林門の脇の石垣を崩し、絵図に「舟だし」「新口」と記されているように臨時の陸揚場を築くこともある。

明治政府は、陸揚場について、江戸幕府の管理下のものを継承する。材木置場では猿江（東京都江東区一丁目から二丁目、旧幕府の材木蔵）、各種資材の揚場では木挽町と龍ノ口（辰ノ口）が中心となる。龍ノ口は、皇居に近いことから、一般向きではなく、各省や東京府に限定される。陸揚場の管理は東京府が行い、一部は工部省・内務省などの所管のものがある。

資材は大小、輸入品などの違いがあるが、各種石材や鉄橋材・暖温機械などの重量があるものは東京湾の台場付近で浅瀬になることから艀船に積みかえる。輸入品の場合、横浜港で税関手続きの上、同様となる（皇居造営に関するものは無税）。ちなみに、玉川砂利などは、川舟や茶船などを陸揚場にそのまま横づけする。

ところで、名称については、「物揚場」と「陸揚場」の二種類がある。史料をみる限り区別はないようで、ここでは資料名に記されていることから「物揚場」を用いることにする。

1　皇居造営に伴う物揚場

資料は、『皇居造営録（物揚場）1・2　明治一五〜二二年』（識別番号四四一九―一・二：識別番号とは、資料番号のことを意味する）に詳述されている（以下、識別番号で記す）。ここには、四カ所の物揚場が記されている。龍ノ口、木挽町、雉子橋際河岸、一ツ橋際河岸である。中心となるのは、造営現場に近く、資材置場・工作場がある龍ノ口である。以下、物揚場の構造や特徴をみることにする。

龍ノ口物揚場　道三濠の最奥部、和田倉濠と暗渠でつながり、内濠の水の落口を龍ノ口という。大手門外、今日のパレスホテルの東側に位置する。道三濠は、徳川家康が入府とともに開削した濠で、江戸城修築では物資の搬入を目的としたものである。三百年余が経過するが、再度、資材の物揚場としてフルに活用された。史料に最初に登場するのは、新宮殿の位置や建築様式が決定するおよそ一年前、四四一九―一の第一九号「辰ノ口物揚場借受ノ義ニ付東京府往復」（明治十五年九月二十一日提出）である。辰ノ口に隣接する道三濠の右岸を求める。同様に対岸の大蔵省の使用地についても申請する。前者をみると、東京府は以下の許可を与える。

麹町己辰ノ口河岸地
　一面積三百貳拾七坪三合八夕
右　皇居造営物揚場トシテ
及御貸渡ス也
明治十五年十月十四日　東京府　印

神田川上流に構える聖橋

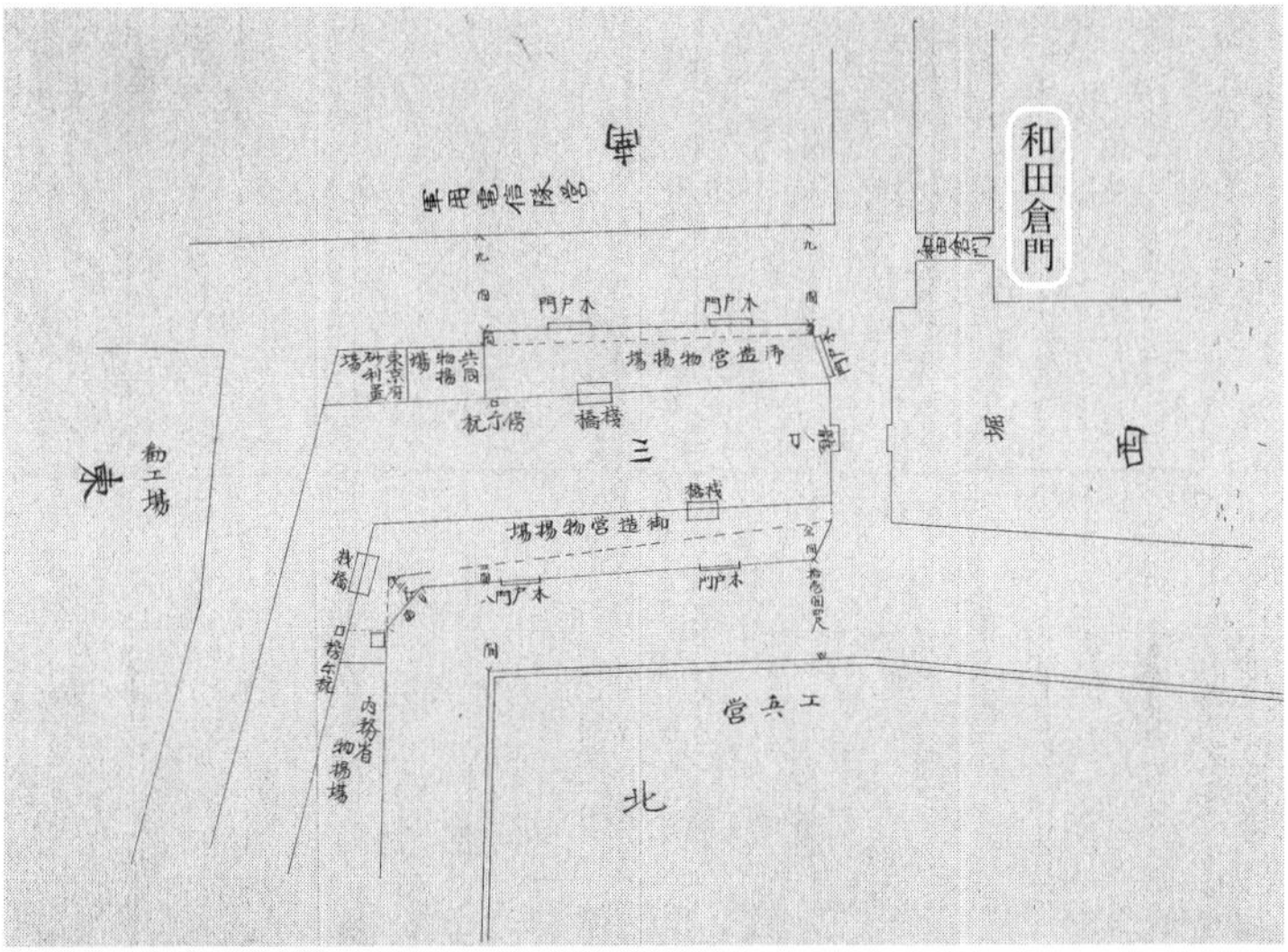

図 2—1　東京府に申請した龍ノ口物揚場（宮内公文書館所蔵、本章 2-10 を除き同館所蔵）

皇居御造営事務局
御中

この案件には図がつき、借受地のほか「新築共同物揚場」や「本府土砂置場」の記述がある。余談であるが、図内には西岸の距離が記され「三拾四間五合、六間、十間」とある。元禄大地震の復旧で毛利・池田・立花の三家が龍ノ口石置場として間口七間四ツを与えられているが、此地と考えられる。なお、対岸も同様に東京府の許可が下りる。

物揚場として、桟橋・柵囲・木戸門・榜示杭などが設置され整備されるのは、新宮殿の決定後となる。図2―1は、四四一九―一の第二五号「辰ノ口揚場柵矢木戸門及桟橋榜示杭新設費概算伺之件」（明治十六年十月一日提出）の案件に伴うものである。案件には、

概算目途
一金三六〇円三三銭　一式受負ノ積

内訳
金一二四円四五銭　職工費
金二二二円八四銭　木材費
金十一円五四銭　鉄具費
金一円五〇銭　雑品費
〆

とある。人夫一人あたりの賃金が二七銭（今日より給金は低く、一円がおよそ二万円位に相当）であることから、およそ七〇〇万円の工事費に相当する。案件には仕様注文書があり、

一柵惣長サ延テ九拾七間半高サ四尺五寸
内訳
南河岸長四拾八間半
此内
拾四間　是ハ在来ノ儘据置
廿五間　是ハ在来ノ柵古相用引立直シ
九間半　是ハ柵新規取設
北河岸長四拾九間
此内
貳間　是ハ在来ノ儘据置

四拾七間　是ハ柵新規取設

〆

の記述がある。図と照会すると、旧来の物揚場としての利用頻度が南河岸の方が高いこと、仮置場としての機能を兼務することから矢木柵で囲い、資材を木戸門から搬出していることがわかる。

本案件には、もう一つ図がつく。図2―2の「竜ノ口桟橋新設図」である。図内にあるように桟橋は、河岸三間、陸側（妻側）二間のもので、南岸に一カ所、北岸に二カ所敷設されている。これは、道三濠が開渠で石垣を伴わないことを示唆している。江戸城の濠は、桜田濠から

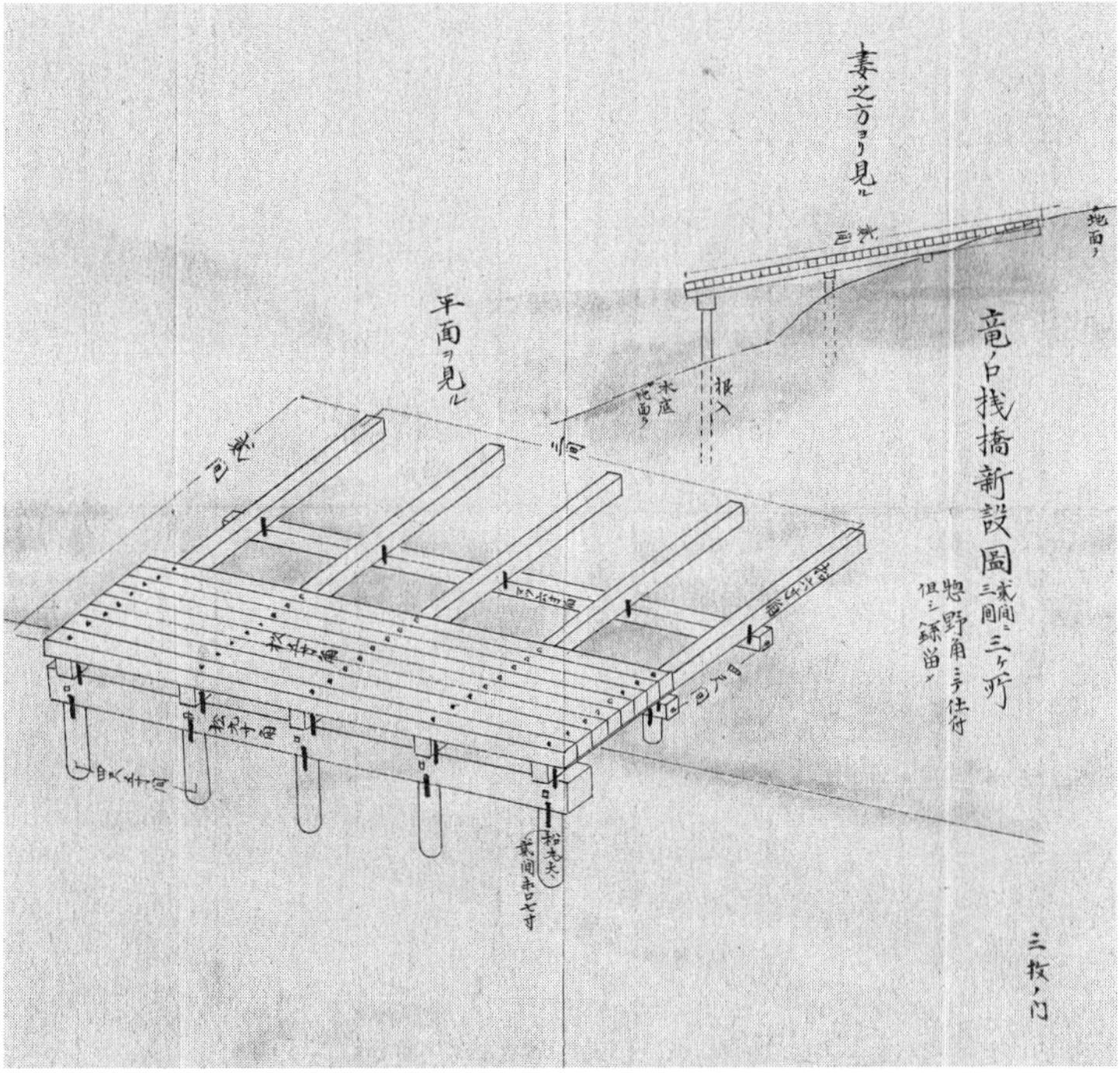

図2―2　龍ノ口物揚場の桟橋図

千鳥ヶ淵間を除く内濠と雉子橋門から溜池落口にかけての外濠が石垣で築かれていることから、道三濠も石積みと考えがちであるが、それは誤りなのである。開渠であるが故に、一層の川浚を必要とする。四四一九―二の第七号「辰ノ口河岸川浚之儀ニ付東京府へ照会ノ件」（明治十七年八月三十一日提出）である。そこには、

按

皇居御造営資用諸材料之儀辰ノ口河岸物揚場へ陸揚ケ運搬可致之所談川筋土砂埋没通船不便ニ有之殊ニ道三橋ヨリ辰ノ口迠之間屈曲之場所等へ甚敷埋没通船困難の場合有之目下多量之材料運搬ニ差支不尠候間同所浚方相成候様致度尤至急ヲ要スル義ニ付速ニ御回報相成度此段及御照会候也

十七年九月五日　（皇居御造営事務）局

東京府宛

とあり、同局からの提出に対して、東京府から九月二十一日付で許可の回答が下りる。

龍ノ口物揚場は、造成工事が本格的に進むと手狭になり、拡張を余儀なくされる。四四一九―二の第一号「辰之口東之方桟橋五ヶ所築造入相伺之件」（明治十七年八月二十日提出）、第二号「辰之口揚場柵矢来新設並引建直シ共及同所へ派出所入札伺之件」（明治十七年八月二十五日提出）である。二つの案件によって、龍ノ口物揚場は、図2―1の南岸が東京府の砂利置場はもとより、道三橋脇まで延びることになる。そのため、新たに桟橋五カ所（うち三カ所は三間四方、二カ所は四間×一間）、道三橋脇に柵囲と木戸門、全体を監視する派出所一棟などが新設される。注目されるのは、物揚場の拡張が南岸に限られ、北岸で延びていないことである。これは、二つの理由が考えられる。一つは、積載船の陸揚後の円滑な航

行。一つは、後述する敷設された鉄路との関係である。

木挽町物揚場　皇居造営という大規模工事では、大量の資材の搬入口として龍ノ口物揚場だけでは不十分である。皇居造営事務局では、追加の物揚場を考える。四四一九—二の第二一号「東京府へ岸地之件通知」（明治十五年十月十八日提出）の案件である。これには、

一麴町区雉子橋外岸地物揚場　壱ヶ所
一神田区一ツ橋外　仝　壱ヶ所
一京橋区木挽町　仝　七ヶ所

の三つの岸地が記されている。

木挽町物揚場の場合、右案件と前後して、物揚場丸太柵と榜示杭の建設がはじまる。しかし、道三濠と異なり、低いながらも石垣であり、かつ崩落した箇所があることから修繕が必要で、使用には時間を要する。七カ所の物揚場を特定し、同所の石垣修繕に関する史料が四四一九—一の第四号「木挽町御用物揚場石垣方修繕入札之件」（明治十七年一月二十三日提出）の案件である。工事費用と石垣崩落状況等々が七点の図を添えて記されているので抜粋する。

概算高
一金五六二円二六銭
内
金四一七円　職工費
金九六円四〇銭　木材費

金八六銭　　　　　　　　　鉄具費
金四八円　　　　　　　　　運搬費
（朱書きにて）
内金四一八円三〇銭　石垣修繕費　金一四三円七六銭　柵矢来修繕費

とある。これに仕様注文書が続くが、石垣修繕に注目してみたい。

第弐号
一石垣長弐拾五間六歩高サ　　　八歩此内揚ケ場口石段弐ヶ所
此坪弐拾坪四合八夕
内在来崩レ残リシ石垣凡五坪壱合有ル
差引新規石坪
拾五坪三合八夕
〈以下、略〉

とある。本史料では、木挽町での物揚場の位置の特定と構造、石垣を修繕しているが原因が問題となる。図2―3は、本案件に添付されている全体図である。図の中央に記入はないが三十間堀、右手（南側）より木挽橋、三原橋（新シ橋）、朝日橋が架る。物揚場は、第四～六号が隣接しているが、他は少し距離を置く。図上に町名の記入があり、右手の第二号が木挽町五丁目、左手の第九・拾号が同二丁目となる。三原橋を西（下）に直進すると間もなく数寄屋橋門に至る。

図2―4は、木挽町第二号物揚場の平面図である。図の下方が三拾間堀となる。前述した龍ノ口物揚場

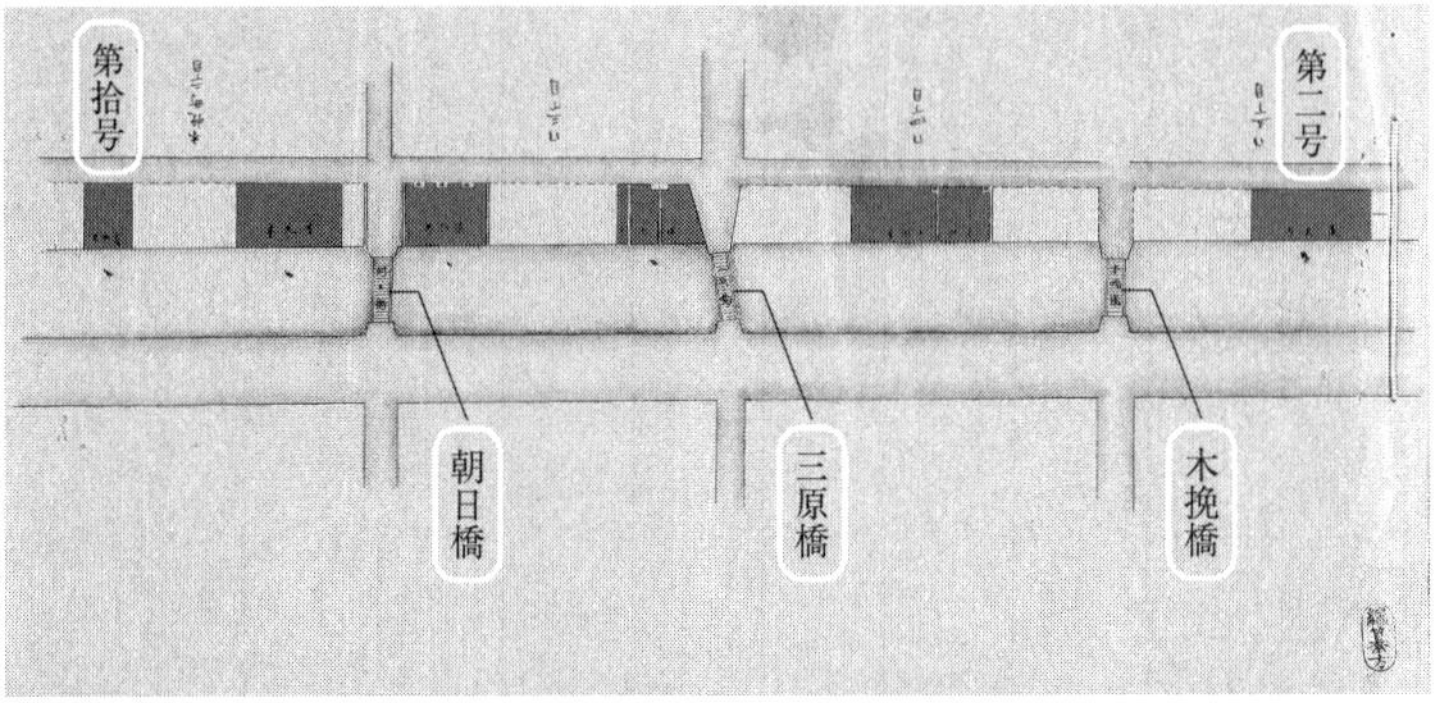

図 2―3　木挽町の物揚場

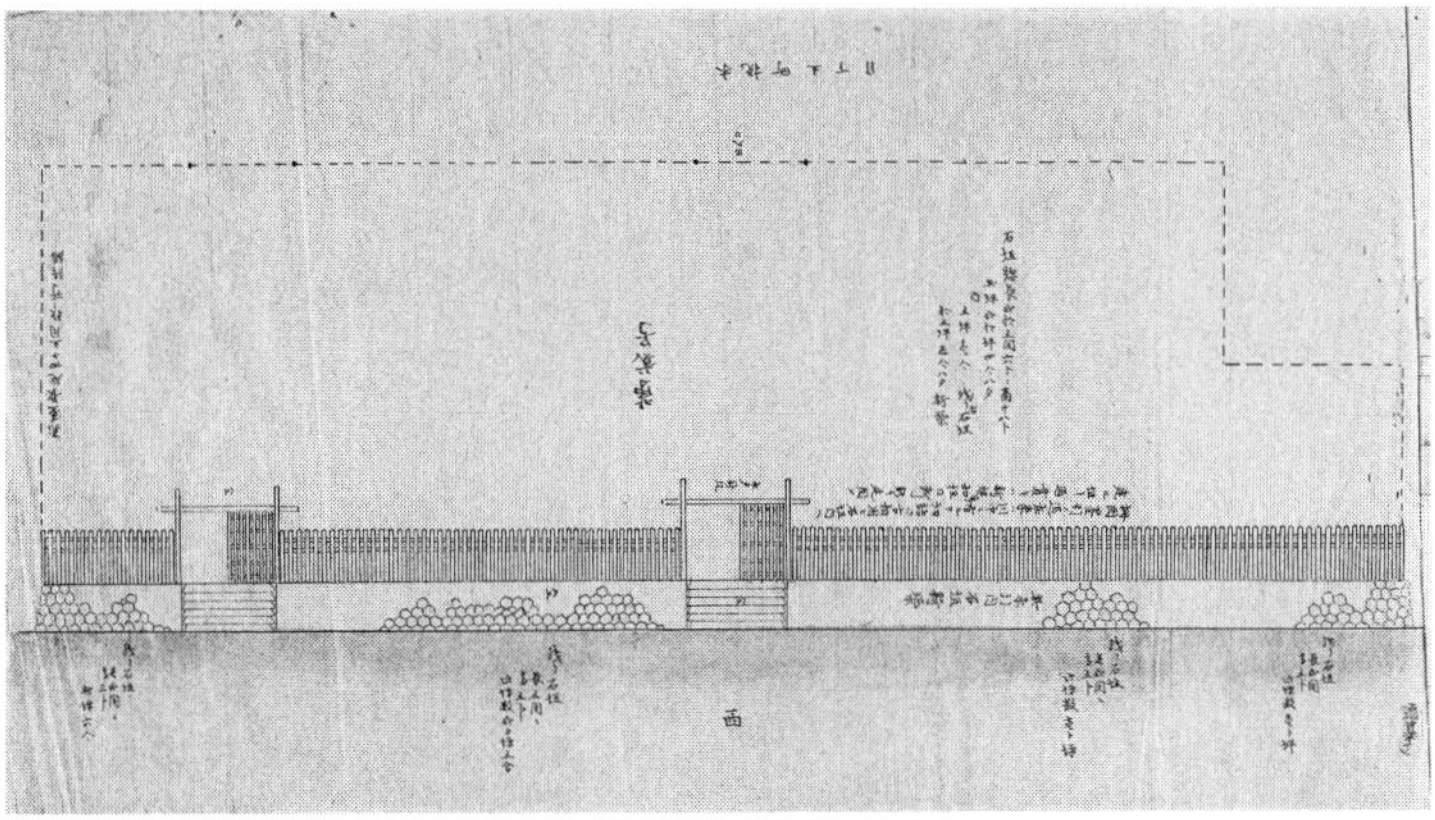

図 2―4　木挽町第二号物揚場

では、桟橋に積載船を横づけする形態であったが、木揚町物揚場では全て石段に横づけしそこから陸揚する形態をとる。石段の上位には木戸門をとりつけ、そこを除くと岸面にも柵矢来を施す。石垣の高さが気になる。第二号では八歩、他は七歩とある。一間を単位とすることから一四四〜一三六センチとなる。外濠の石垣とは比較のしようがない。木挽町一帯は埋立地であり、水路を確保するために石垣としたものである。物揚場は、全体として柵をめぐらすが、陸路への搬出口は東側となる。

七カ所の物揚場のうち、隣接する第四〜六号（第五・六号は一つ）を除く五カ所の石垣は、仕様書をみるとかなり崩落している。考えられる原因は地震である。宇佐見龍夫『最新版日本被害地震総覧』を参照すると、明治十三年（一八八〇）二月二十二日、横浜を震源とする推定マグニチュード五・九の地震が該当する。横浜では煙突の倒壊・破損が多く家屋の壁が落ちたとある。東京では、横浜より被害は小さく、震度が3〜4と考えられるという。埋立地で軟弱な地盤であることから石垣が崩落したものと考えられる。

雉子橋・一ツ橋岸地物揚場　前二者の物揚場がフルに活用されたのと比較すると、煉化石置場という特定資材を対象とし、時間軸がいくぶん下がるという特徴をもつ。

先に、東京府への物揚場としての通知を記したが、明治十九年十二月から翌年四月にかけてと限定的である。四四一九—二の第二七・三〇号案件に内匠寮と東京府との関係をうかがうことができる。前者では、「雉子橋外物揚場貸渡ノ件内匠寮往復」の案件として、

吹上御苑代官町通リ外指改築用煉化石置場ノ為メ雉子橋外貴局物揚場本月ゟ（ヨリ）来二十年四月中旬迠使用致シ所此段及御照会候也

明治十九年十二月二日　　内匠寮　印

皇居御造営事務局

御中

がある。表宮殿・奥宮殿の建築が終盤にさしかかり、一方では、二重橋鉄橋の脚台基礎工事が開始する時に重なる。しかし、この物揚場の煉瓦石の使用は、史料にあるように主要な構造物ではなく、外回りのためのものである。ちなみに、雉子橋際物揚場の位置は、雉子橋と雉子橋門外とを結ぶ片側にある。

2　運搬方法としての鉄路・地車

物揚場で陸揚した資材が、どのような方法で資材置場に運ばれ、やがて使用されたかということについて関心があるが、なかなか史料が見当らない。『皇居造営録（運搬掃除一〜五三）明治一五〜二二年』（識別番号四四二三一一〜五三）、『皇居造営録（鉄路）一・二　明治一四〜二一年』（識別番号四四一一一・二）、『皇居御造営誌七四　鉄路事業』（識別番号八三三七四）に格好の史料がある。

「鉄路」「地車」の記載がある史料

四四二三一二の第二三号「山砂利運搬ノ義ニ付伺」（明治十七年五月二十八日提出）の案件に以下の記述がある。

概算高

一金九〇三円

但濱川産山砂利立四百七拾五坪龍ノ口揚場ヨリ貳重橋内御敷地五ヶ所へ運搬並挽立賃

内

立百貳拾五坪　吹上賢所御敷地最寄迠鉄路運送
此運賃金三百貳拾五円　金貳（壱坪ニ付）円六拾銭
立六拾五坪　貳重橋内へ地車運送
此運賃金百七拾三円五拾銭　金（同）貳円七拾銭
立七拾五坪　紅葉山中段女官部屋敷地内へ地車運送
此運賃金貳百貳円三拾銭　金（同）貳円七拾銭
立百坪　坂下門外へ鉄路運送
此運賃金九拾円　金（同）九拾銭
立百拾坪　坂下門内最寄迠鉄路運送
此運賃金百拾円　金（同）壱円

（傍点は筆者）

とある。皇居造営のための造成工事が本格的に進行するなかで、龍ノ口に陸揚げした山砂利を工事現場に運搬する史料である。この史料で二点、注目される。一点は、運搬方法として鉄路と地車の二つが記されていること。一点は、鉄路運送の場合、坂下門の内外とわずかな差であるが、距離に応じて一坪あたりの単価が異なることである。

鉄路と運送車輌　史料の鉄路は、聞き慣れない単語である。ここではレールのことを指している。

我国の鉄道が明治五年（一八七二）十月十四日（旧暦の九月十二日）、新橋と横浜間で開通し、翌日に営業を開始したことは周知の通りである。資材の運送に鉄道が用いられたというわけではない。レールを敷設しトロッコ状の荷車を押すというものである。

鉄路導入計画は早く、四四一一—一の「鉄路器械仏人デニーラリューより購入の儀伺」(明治十四年十一月二十二日提出)にはじまる。史料には、金七六三四円の見積書とともに、一通の書状がつく。そこには、

辰ノ口揚場ヨリ
西丸大手御門マテ
　六百弐拾六間壱分
西桔橋ヨリ釣橋マテ
　三百九拾五間
雉子橋物揚場ヨリ
竹橋ヲ入リ矢木門
通リ吹上釣橋マテ
　六百五拾壱間

と三つの路線が記されている。二つは、物揚場からのもので、西桔橋外は資材置場として使用することが念頭にあるためである。

鉄路運搬の効用　鉄路と地車は、運送車輛は資材に応じて積載重量、長さなど容量によって大きさが異なるが、トロッコ状を呈するということでは共通する。八三三七四に、鉄路を用いた場合の効用と、鉄路と地車の実験にもとづく結果が記されている。効用については、

一市中人夫賃ニ影響スルコト
一運搬の神《ママ》速ナルコト
一搭載物品ノ無毀損ノコト
一道路修繕ノ為メ休業スルノ処ナキコト
一牛馬蹂躙ノ処ナキコト

の五点をあげている。皇居造営中の人夫賃は、一人あたり二七銭で一貫している。

スピードと運搬単価について、明治十七年四月から五月にかけて同条件での比較がある。表2―1をみると、明らかに鉄路を用いた方が速く安い。龍ノ口物揚場から坂下門外までの平地約六一四メートルを往復時間にして六分、一台あたりの賃金として二倍の差が生じている。効用を考えるとなおさらである。鉄路が全てよくみえてくるが、難題がある。レールの製作技術である。レールは、錬鉄でできているが、当時、日本での生産はなく、明治三十四年（一九〇一）の八幡製鉄所まで待つことになる。そのため、高価な輸入材を購入しなければならないのである。八三三七四を参照すると、明治十五年七月に購入を開始し、明治十七年一月までに購入したレールの総延長は、五六四四・八五メートル、据付費を含めた総額は、一万八八〇三円九五銭一毛とある。これに車輌がつく。当初、明治十五年にラリューから購入したのは、鉄路とともに機械付重輌運送車・木材等長物運送車、普通運送車、砂石運送車等二〇輌であった。いずれも高額であったことから、車輌に限って大倉組の瀧原徳右衛門・永瀬正吉・森澤音七が落札し三八輌を国内で製作した。各種車輌の合計は八二台となり、その金額は、五三四八円六〇銭となる。すなわち、鉄路事業では、レールと車輌を含めると総額二万四一五二円五二銭一厘となる。

表2—1　鉄路・車力運搬実験表

	鉄路之部	車力之部	損得
一台ノ荷重	五勺四夕	同上	
一台附属人夫	二人	同上	
距離	辰ノ口ヨリ坂下御門外迠三四一間	同上	
時間	実車往十一分 空車返　八分	実車往十六分 空車返　九分	車力損往五分 同　返一分
立一坪ニ付台数	十八台半	同上	
同　受負高	金八三銭六厘	金一円六九銭四厘	車力損 金八五銭六厘
一台ニ付賃金平均	金四銭五厘二毛	金九銭一厘五毛	同 金四銭六厘三毛

※車力は地車をさす

レールの総延長が当初の見込みより二倍弱に延びているが、八三三七四より補足する。これは、路線の拡張と新路線の拡大によるものである。これを表2—2に記した。この表について解析する。①が鉄路の主体となる。後述するが、今日の皇居前広場（江戸時代においては西丸下、あるいは役屋敷）の西半一体を資材置場や工作場として利用するために、往来が活発になることからきている。路線が延びるのは、龍ノ口物揚場が道三橋手前まで拡張され、桟橋が東側まで伸びたことと、資材置場・工作場との関係を密にするためのものである。③〜⑥は、四四一二—一・二の資料には登場しない。③は、先に木挽町物揚場を紹介したが、ここから吹上への搬入と考えられる。木挽町から半蔵門外へは鉄路がないので、この場合は、半蔵門外で積みかえとなる。効率が悪く、ほとんど使用されなかったものと考えられる。④は、旧本丸内に間知石をはじめとする多く

表2—2　鉄路敷設道筋と距離一覧表

整理番号	鉄路敷設道筋	距離 メートル（延）	距離 間数	四四一一—一號（明治十四年）
①	辰ノ口ヨリ西丸建築現場迠	一、四六〇m	八〇三間	六二六間一分
②	雉子橋ヨリ矢来門経テ吹上釣橋迠	一、八九六・三六m	一、〇四三間	六五一間
③	半蔵門外ヨリ吹上釣橋迠	七六〇m	四一八間	
④	旧本丸中央ヨリ北桔橋外マテ	三七八・一八m	二〇八間	
⑤	北桔橋外ヨリ裏御門迠	五四五・五〇m	三〇〇・二五間	
⑥	西丸建築現場内縦横据付	二七〇m	一四八・五〇間	
⑦	運送車行合ノ節除ケ路二十ヶ所	二〇〇m	一六五間	
合計		五、五一〇・〇四m	三、〇八五・七五間	

の石材が存在した。一例をあげると四四二三—五の第二七号では、大間知石四四九本と大玉砂利五坪、同第二九号では大間知石三五六本、第三〇号では大小間知石三三九本とあり、この後も続く。旧本丸にある古材を運搬するためと考えられる。⑥が、四四一一—一・二の案件では明確ではない。鉄路あるいは地車の表記、図などはないが、次のような史料が該当するものと考えられる。四四二三—二六の二二号「二重

橋内御敷地所之有之煉化石暖温機各室内運送方受負申付伺」（明治十九年四月二十日提出）の案件では、焼過煉化石十万本を西丸内の一時置場から謁見所・饗宴所など六カ所に運搬している。つまり、西丸内の資材置場から建築現場への移動を示唆している。しかしながら、鉄路によるものとは断定できない。

補足すると皇居造営工事は順調に進行し、明治十九年の後半から翌年前半にかけて宮殿をはじめとする建造物は、おおむね竣工する。砂利や砂、煉化石などの資材は、道路整備を除くと物揚場からの供給が不用となる。すなわち、鉄路の撤去と処分となるのである。四四一一―二の第二九号「鉄軌並附属品共建設局へ譲渡ノ件」（明治二十年三月二十三日提出）の案件がある。実際に譲渡するのは翌年三月であるが、その金額は、九八六二円五〇銭と記されている。

龍ノ口物揚場と資材置場・工作場をつなぐ鉄路　鉄路の路線を理解する上で、表2―2の①ルートは注目されるところである。四四一一―二の第六号「辰ノ口物揚場内ヨリ宝田町石置場迠朱線ノ通鉄路延長三百五拾七間分据替及養生費額概算ノ件伺」（明治十七年十一月二十二日提出）の案件でみることにする。工事の進行に伴い、路線の追加や変更、養生などは欠かすことができない。案件には、

概算高

金一三九円五〇銭四厘

内

一金八〇円五六銭

金一六円二銭　鉄路据替方大工三五人六歩　金（壱人）四五銭

但長延三五七間分据替及鉄路養生共

金十一円四四銭　鉄路据替方鍛冶工二八人六歩　金（壱人）四〇銭
　但長延前同断
金四七円一二銭　鳶人足一五七人　金（壱人）三〇銭
但長延三五七間分据替及宝田町工作場内不用鉄路取外方並物品持運ヒ方共
金六円　石工一〇人　金六〇銭
　但是ハ鉄路養生石据付方共
〆
金八円九二銭五厘　足長二寸鉄平鋲　一、七八五本
　　　　　　　　　百本ニ付金五〇銭
　但是ハ監材掛リヨリ請取ノ積リ
金七円八七銭五厘　長正四寸七分釘　三、五〇〇本
　　　　　　　　　千本ニ付金二円二三銭
　但是ハ鉄路養生ニ付監材掛ヨリ請取ノ積リ
金一八円九〇銭　長一間巾五寸厚二寸　一八〇本
　　　　　　　　　一本ニ付金一〇銭五厘
　但前同断養生資用ニ付有合ノ分　松杉古材相用ル
金二三円二四銭四厘　スレッパ四四七本　一〇本ニ付金五二銭

とある。項目の前半が人件費、後半が資材費となる。これには付箋を伴う二点の図がつく。合成が可能で

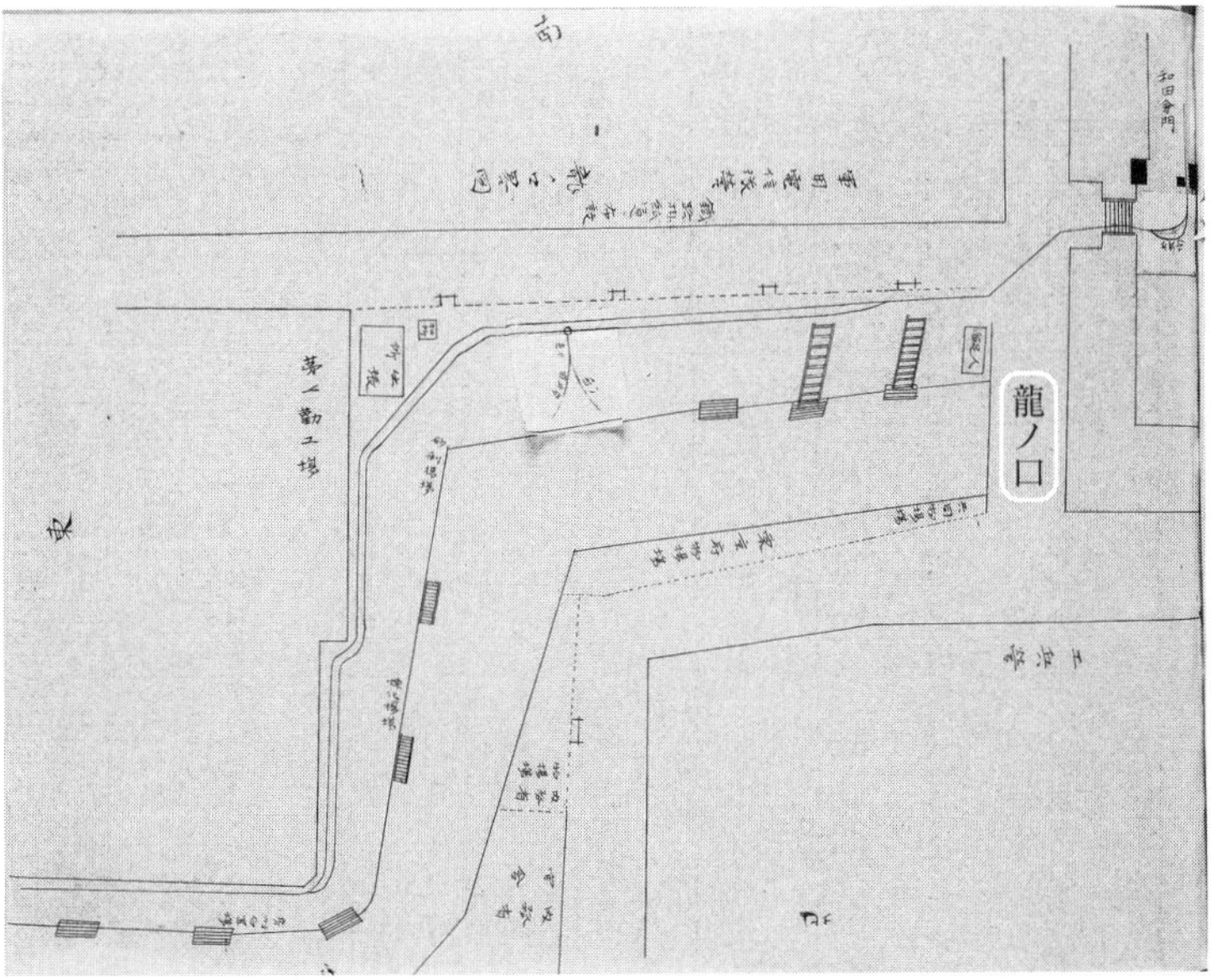

図2—5　拡張された龍ノ口物揚場から和田倉門内までの路線図

ある。図2—5は、龍ノ口物揚場から和田倉門にかけての路線図である。先に龍ノ口物揚場として図2—1を紹介したが、工事の進行に伴い北岸は利用せず、道三橋手前まで南岸のみとなる。鉄路は、物揚場の柵内の南側に敷設し、図2—1の南西隅の木戸門の位置から和田倉門側に延びている。物揚場内では朱線が二条あるが、これは、平行して二つの路線があることを示している。付箋は、二カ所あり、和田倉門枡形内と道三濠が大きく左折する出張所近くのもので、路線の拡張を目的としたものである。本図で注目されることとして、物揚場を道三橋側に拡張した際に桟橋を新設するが、桟橋間に陸揚直後の資材一時置場が記入されていることである。上位の南側から順次「砂利揚場」「煉化揚場」「房州石置場」とある。これは、本図が作成された時点では、少なくとも三つの資材の物揚場の位置が指定されていたことを示唆している。

図2―6は、図2―5のさらに南を示し、本図ではわずかに切れているが東北が和田倉門の位置となる。鉄路の当初の路線は、図内右東北の「陸軍調馬厩」の木戸門を入り、桔梗門（内桜田門）に延びるものであった。本図では、もう一つ南側の木戸門から入り資材置場・工作場へと続いている。付箋は、宝田町資材置場の中程に貼られ、坂下門外と工作場に延びる路線が一筋加えられ、同様に木戸門を入り「検番所」の反対側から「宝田町石材置場」内に新たに一路延びている。いずれも朱引破線で記されている。本図内の資材置場の文字を拾うと、石材置場を除くと「山砂利置場」「玉川砂利置場」「砂利置場」「玉栗石置場」「新小松石置場」があり、「セメント倉庫」も複数棟備えている。西南の「三区工作場」とあるが、工作場は各所に設置されている。近くでは、南側に祝田町工作場がある。四四一一―二の第七号案件では、三区工作場内にもう一路（二条）敷設されている。平面図をみると、このなかには、出張所・湯小屋のほかに四棟の石工小屋、大工作場と木挽小屋が各一棟記されている。建設現場で使用する前の下拵が行われていたわけである。鉄路の路線を精査すると、坂下門外には二路、同内には一路延びている。四四一一―二の第一七号案件では、宝田町工作場から祝田町工作場までの延長に加えて坂下門外から蓮池門内まで敷設されている。後者の場合、モルタル工場があるためのものである。

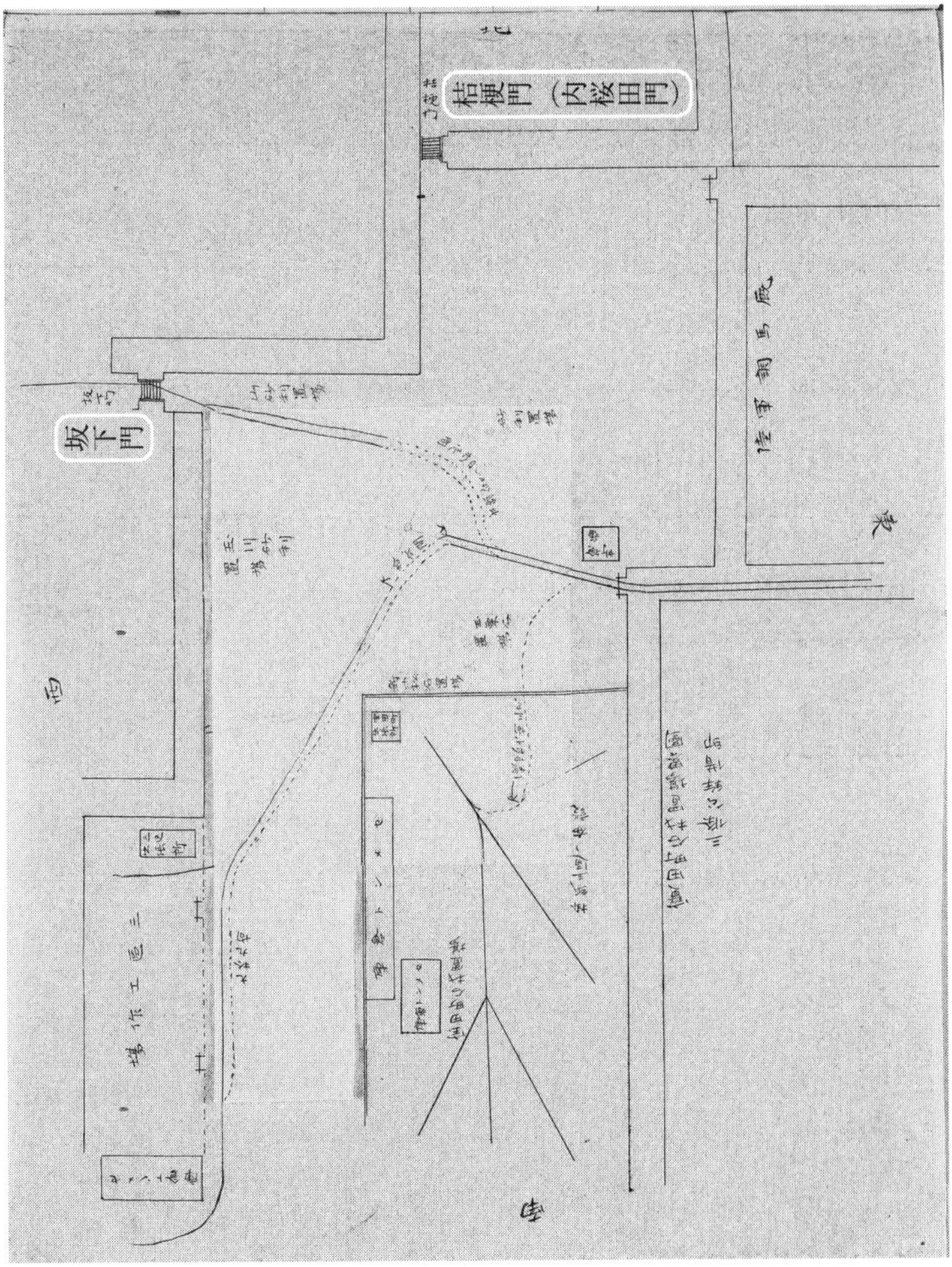

図2―6　皇居前広場（宝田町石置場）と路線図

工事費用	備　考
54,332円45銭6厘 59,316円56銭5厘	セメント代・他の総額
6,345円67銭3厘 5,101円80銭 1,325円39銭5厘 29,631円64銭3厘	壱等道路 壱等道路（山里・吹上門側は貳等） 貳等道路 三等道路

二　大手石橋・二重橋鉄橋の架設と道路整備

西丸大手門を正門、坂下門を通用門とすることで、門構の変更、さらには木橋の架替を行う。西丸大手門・坂下門とも、高麗門を撤去し、坂下門は渡櫓門を九〇度移設する。中雀門は石垣を整備するが、上屋を構えることはなかった。

最大の変化は、大手・二重橋木橋の架けかえである。正門前は石橋、二重橋は鉄橋を架設することで、威厳と風格を漂わす。東京府内の石橋は、次章で述べるが常盤橋を好例とし、後年、日本橋が架設され、いずれも現存することから、何かにつけて比較されることが多い。鉄橋は、明治十一年、京橋区の楓川に架けた八幡橋（元弾正橋）が府下では最も古い。アメリカ人のスクワイヤー・ウィップが発明した工法（トラス橋）を工部省赤羽分局で製作したもので、関東大震災後に江東区富岡に移設されている。皇居内では、明治三年、道灌濠上の山里と吹上間にアイルランド生まれのT・J・ウォートルスが架けた鉄製釣橋が知られている。明治六年の仮宮殿焼失後、一時的に開放された。国内最古ということで見物人が大挙し、はからずも揺れが大きいことが露呈した。皇居造営が進行するなかで、明治十八年撤去されることになる。

表2—3　大手石橋・二重橋鉄橋と関連する道路整備経過

	工事箇所	橋の架設				道路整備の案件提出日
		橋の起工	橋面の着工	橋面の竣工	橋の竣工	
橋架替	二重橋鉄橋	19.10.24	21. 7.13	21.10.14	21.10.14	—
	大手石橋	19. 1.27	20.11. 4	20.12.18	(20.12.18) 21. 7.21	—
道路整備	御車寄から東車寄の前	—	—	—	—	20.11.15
	鉄橋と正門の間	—	—	—	—	21. 5. 3
	石橋外、北川	—	—	—	—	21. 5.28
	外構・皇居前広場	—	—	—	—	21. 4.11

大手石橋と二重橋鉄橋は、形状の美しさに加え、石橋電飾燈の獅子の台座や鉄橋側面の龍の飾板が取り上げられ、彫物の素晴しさやテーマにふさわしいことなどが論じられている。伊藤孝『東京新発見』（岩波新書）や筆者も『江戸城―築城と造営の全貌―』（同成社、二〇一五年…以下、『江戸城』と記す）のなかでふれたことがある。しかし、橋を渡るという視点で橋面の構造について取り上げられたことは皆無であった。本節では、橋面を含めた橋の構造と電飾燈等の装飾性について述べる。その上で、橋を連絡する道路整備について考える。道路整備は、明治十九年八月に内務省訓令第一三号「道路築造標準」があるが、恐らく我国で最初に実施されたものと考えられる。

1　大手石橋・二重橋鉄橋の架設と道路整備の経過

資料は、『皇居御造営誌六一　鉄橋架設事業』（識別番号八三三三六一）、『皇居御造営誌六二　石橋架設事業』（識別番号八三三三六二）、『皇居造営録（正門鉄橋）一～四　明治一九～二一年』（識別番号四四〇四一―一～四）、『皇居造営録（大手石橋）一・二　明治一五～二一年』（識別番号四四〇五―一・二）、『皇居造営録（地盤道路）一～一〇　明治一五～二二年』（識別番号四四〇八―一～一〇）を中心とする。

橋面		欄干	備考
車道	人道		
コンクリートの上に寄木張	コンクリートの上に矢羽状の寄木張	鉄製高欄（ペンキ塗）	5燈付電燈4基
コンクリート	コンクリートの上に花崗岩の敷設	石製高欄	親柱に電飾燈6基、獅子の台座にアカンサスの葉の飾

大手石橋と二重橋鉄橋は、単なる橋の架けかえではなく、外観として新宮殿の象徴的な役割を兼務する。表2―3に両橋建設の経過を示したが、橋の着工とあるのは、木橋の取りはずしを意味する。時間差が生じているのは、鉄橋の部材は輸入品であり、東京への到着の時間的な問題と、煉化石・石材・セメント・砂利・木材等々の資材の搬入路を確保するためでもある。両橋の建設工事が併行する場合には、二重橋鉄橋の西側に仮橋を架け、補っている。橋の竣工については、宮殿の落成にあわせているといっても過言ではない。『皇居御造営誌九　本紀七』（識別番号八三三〇九）の明治二十一年十月二十七日の条をみると、宮内大臣達として、

皇居御造営落成ニ付自今、宮城ト称セラル

の記述がある。二重橋鉄橋は、橋面の木製張の工事が八月まで続く。高欄を含む鉄橋のペンキ塗りはその後となる。他方、大手石橋は、橋面のコンクリート打ちと人道の敷石工事は前年の十二月中には終了する。表2―2の期日は、時間を空けて翌年七月の案件で橋台と車道を仕上げとして練砂利コンクリート打ちがあることからきている。電飾燈台座の模様替えがあるので、もう少し落成日に近づく。つまり、橋の竣工は、宮殿の落成にあわせていることになる。表2―3で道路整備の案件の提出

表2―4　大手石橋と二重橋鉄橋の規模と構造

項目／名称	規模（尺、m）		
	全長	幅	
		車道幅	人道幅
二重橋鉄橋	渡り82尺2寸（24.85m）	35尺2寸9分（10.69m）	
		20尺7寸9分（6.30m）	片側7尺2寸5分（2.20m）
大手石橋	渡り116尺4寸（35.27m）	42尺2寸（12.79m）	
		20尺（6.02m）	片側7尺（2.12m）

日も注目される。明治二十年十一月には表宮殿の大半の建物が竣工する（内装を除く）。あたかもそれを合図とするかのように、道路整備がはじまる。しかも、重要な箇所から入念な工事となる。例外的に外構の開始が比較的早いのは、面積が広範なこと、建造物の竣工が相次ぎ、前節で述べた資材置場が不要となっていることからきている。

2　大手石橋の建造

大手石橋の最大の特徴は、皇居前広場からみた外観が、親柱を支点とする重量感にあふれた二連式のアーチ橋であること、親柱の上に乗る電飾燈がアカンサスの葉をあしらい、台座の四隅に獅子のレリーフが彫られていることの二点がある。これを中心として、構造的と装飾的な側面からみることにする。

二種類の石材　先に東京府下に現存する代表的な石橋として、常盤橋と日本橋をあげたが、橋梁の主体を占める石材はともに一種類である。前者は安山岩、後者は花崗岩で構成されている。それに対して大手石橋は、安山岩と花崗岩の二種類で、彩色を考慮した配置で装飾的効果を高めている。現状では土埃りによる汚れや表面の風化などで気づく人は少ないかも知れない。図2―7は、四四〇五―二の第6号「大手御門石橋男柱及鏡石同裏煉化石積方共築造方仕様及入費概算之義伺」（明治十九年十月七日提出）案件に添えられた部分図である。親柱でみると、端部を直方体に切り出した切石を交互に積むことで変化をつけ、中央部に安山岩の切石を挟む。これも重ねると大小となる。鏡石は、親柱のアーチを呈する側面のことを指す。図では、アーチの部分の半分であることから三角形状を呈する。ここでは、中央と外側を安山岩、その間に花崗岩が挟まれる形状となる。アーチの下端・図内で彩色されていない箇所は、花崗岩による巻石で構成されている。建造当初は、色鮮やかで見事の一言に尽きる。図内には鏡石に番号がつけられ、余白には番号の照会と石材の本数が記されている。内側の安山岩（本小松石）一六八本、外側の同材が一九八本、花崗石柱石一三二本ともある。内訳となる記号と本数は、石材の寸銘帳と照合するものである。

石材の産地と本数　威厳と風格を保つため、皇居御造営事務局の努力は大変である。皇居造営は、国家的な一大プロジェクトである。潤沢な費用があれば問題がな

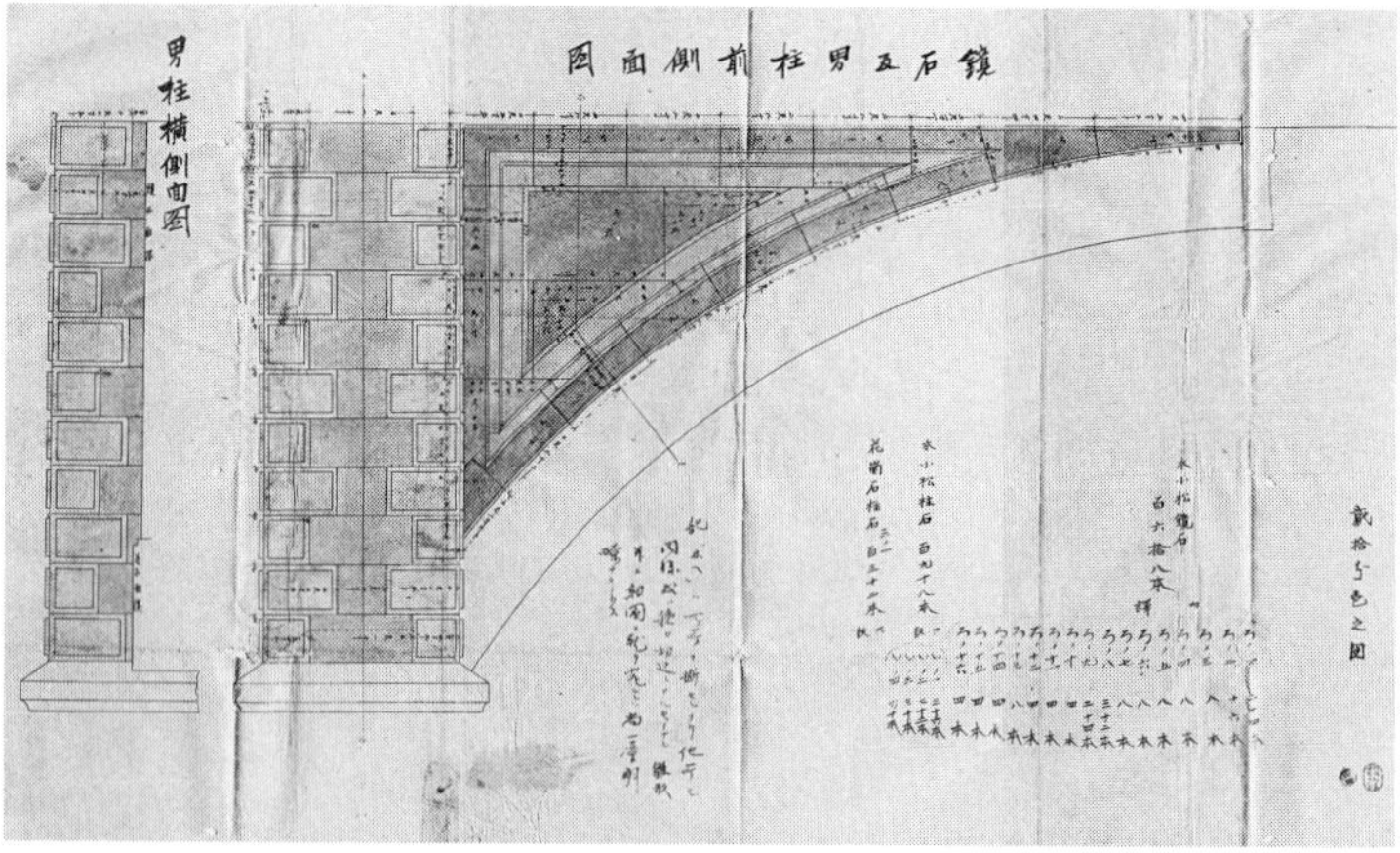

図 2—7　大手石橋を構成する二種類の石材部分図

い。明治十六年七月十七日の太政官布達によって、新宮殿や賢所の位置と建物の構造、総額二五〇万円という予算が決定する。最終的な造営費は、『皇居御造営費一三二一〜一三四　皇居御造営費顚末決算之部一〜三』（識別番号八三四三二一〜八三四三四）を参照すると、四五三万三二六七円一一銭を要したとある。およそ一・八倍に膨らむが、みすごしていたわけではない。予定価格と細密ともいえる入札によって価格の引き下げ、木材や石材など官有林のものを用いることで低減をはかる。大手石橋の石材でみると、安山岩は相模の民有林であるが、花崗岩は瀬戸内海の犬島産の官有林のものを使用する。後者の場合、管理する岡山県と折衝し、石材の値段を石の大小に関係なく一切（さい）（三〇センチ立方）を二厘と決める。ただではないが限りなく安価である。斫出費《しやくしゆつ》や回漕費は仕方がないが、表2―5をみると一目瞭然である。犬島産花崗石は、石橋使用のため四四五四本、切石数でみると三万九六六六切二分八厘にあたり、原石・斫出賃・回漕費などを含めた総額が一万八五五三円七二銭一厘となる。原石代に限ると七九円四三銭九厘である。この金額は、総額の〇・四三％にすぎない。また犬島産花崗石は、五回にわたり切り出しているが、使用箇所をみると、工事の進行状況にあわせていることがわかる。相模産本小松石は、五一六本、切石数でみると四八五五切二厘となる。犬島産と比較すると、本数で約五分ノ一、切石数では約九分ノ一となる。民有林で原石代が高価であるため、使用量が少ないのは仕方がないところである。

巻枠の組み立てと九九〇本の巻石　石橋アーチ橋を建造するためには、橋台の上に正確かつ頑丈な巻枠の製作とその上に敷き詰める巻石が不可欠となる。表2―4に示したが、大手石橋の規模は、全長約三五メートル、幅約一二・八メートルを測る。この大きさの木枠が必要となる。巻枠製作に関する案件は、四〇五―一の第二二号「大手石橋巻枠組立仕様及経費概算ノ義伺」（明治十九年十月一日提出）となる。

犬島産花崗石の値段内訳		使用箇所	備　考
原石 斫出 回漕 他	31円87銭3厘 1,917円66銭5厘 5,615円　4銭4厘 4円29銭8厘	468本を南部橋台	
原石 斫出 回漕	24円34銭5厘 985円98銭 3,126円56銭7厘	中央栈取石・男柱等	
原石 斫出 回漕	6円51銭2厘 361円　2銭6厘 1,107円89銭4厘		
経費は5回目に含む			
原石 斫出 回漕	6円60銭9厘 341円13銭2厘 1,030円87銭	敷石・縁石	
			5回目までの木挽町からの陸送代（1,055本分）
原石 斫出 回漕 陸送	10円10銭2厘 858円46銭2厘 2,408円94銭6厘 247円91銭5厘	蛇腹・化粧柱・地覆手摺	
		男柱（親柱）	
		鏡石	
		手摺	

表 2―5　大手石橋で資用した二種類の石材一覧

	斫出順位	寸銘帳に記された石の記号	石の本数・切石数と費用		
			本　数	切石数	値　段
犬島産花崗石	1	1ノ1～1ノ8、2ノ1～2ノ48	1,152	15,881 切 5 分 5 厘	7,568 円 88 銭
	2	3ノ1、4ノ1～4ノ25	2,078	11,361 切 4 分 1 厘	4,136 円 89 銭 2 厘
	3	5ノ1～5ノ3	258	12,172 切 4 分 2 厘	1,475 円 43 銭 2 厘
	4	6ノ1～6ノ17	77	1,232 切 4 分 9 厘	
	5	7ノ1～7ノ8	517	2,072 切　4 厘	1,378 円 61 銭 1 厘
	–	–	–	–	468 円 48 銭 1 厘
	6	8ノ1～8ノ23	372	5,051 切 3 分 9 厘	3,525 円 42 銭 5 厘
	小　計		4,322	38,855 切 2 分 7 厘	18,272 円 89 銭 7 厘
相模産本小松石	①	いノ1～いノ4	198	1,148 切 9 分 3 厘	466 円 99 銭 8 厘
	②	ろノ1～ろノ16	168	3,211 切　9 厘	2,125 円 66 銭 4 厘
	③		150	495 切	272 円 25 銭
	小　計		516	4,855 切　2 厘	2,864 円 91 銭 2 厘

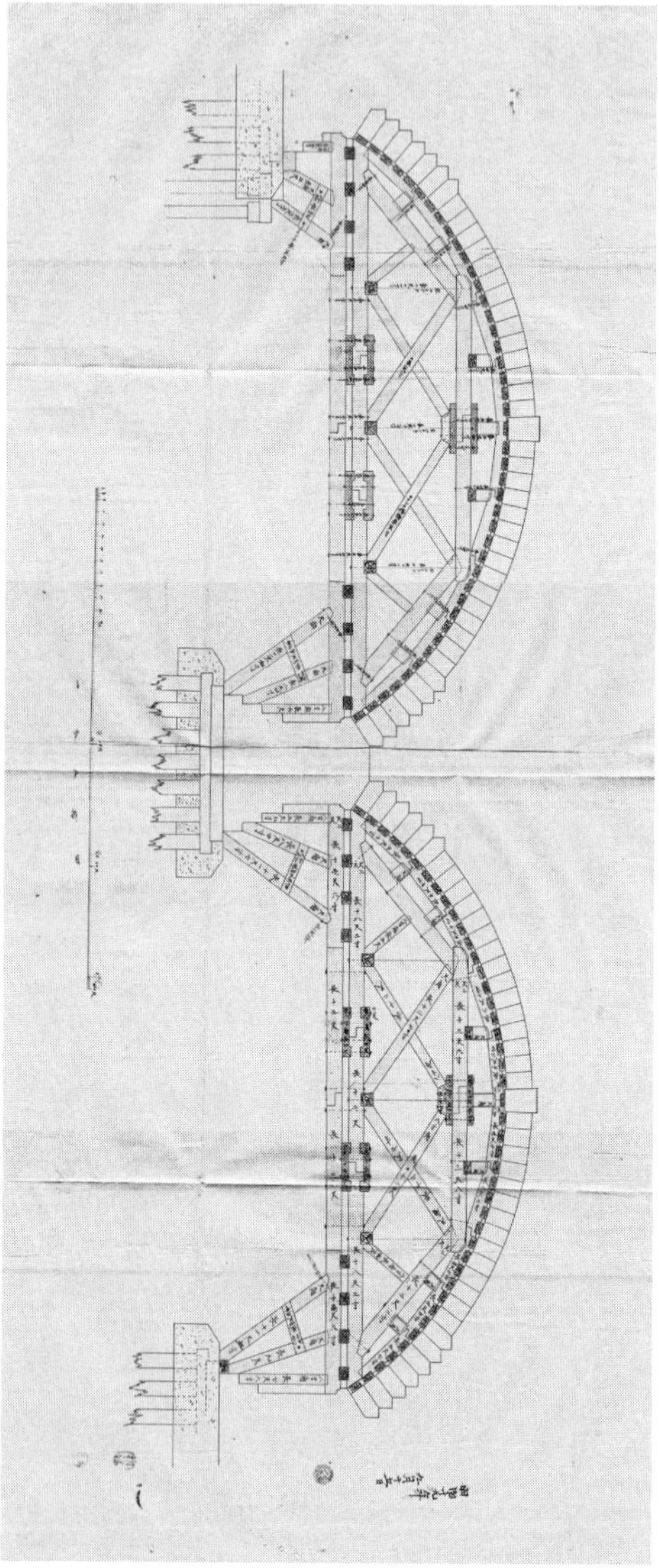

図2—8　大手石橋で用いられた巻枠断面図

仕様書の冒頭部分を紹介すると、

一巻石円形半径　貳拾八尺六寸五分

同踏止石巻出シノ於　四拾八尺　貳組

但シ壱組九鎖リ立ツ、

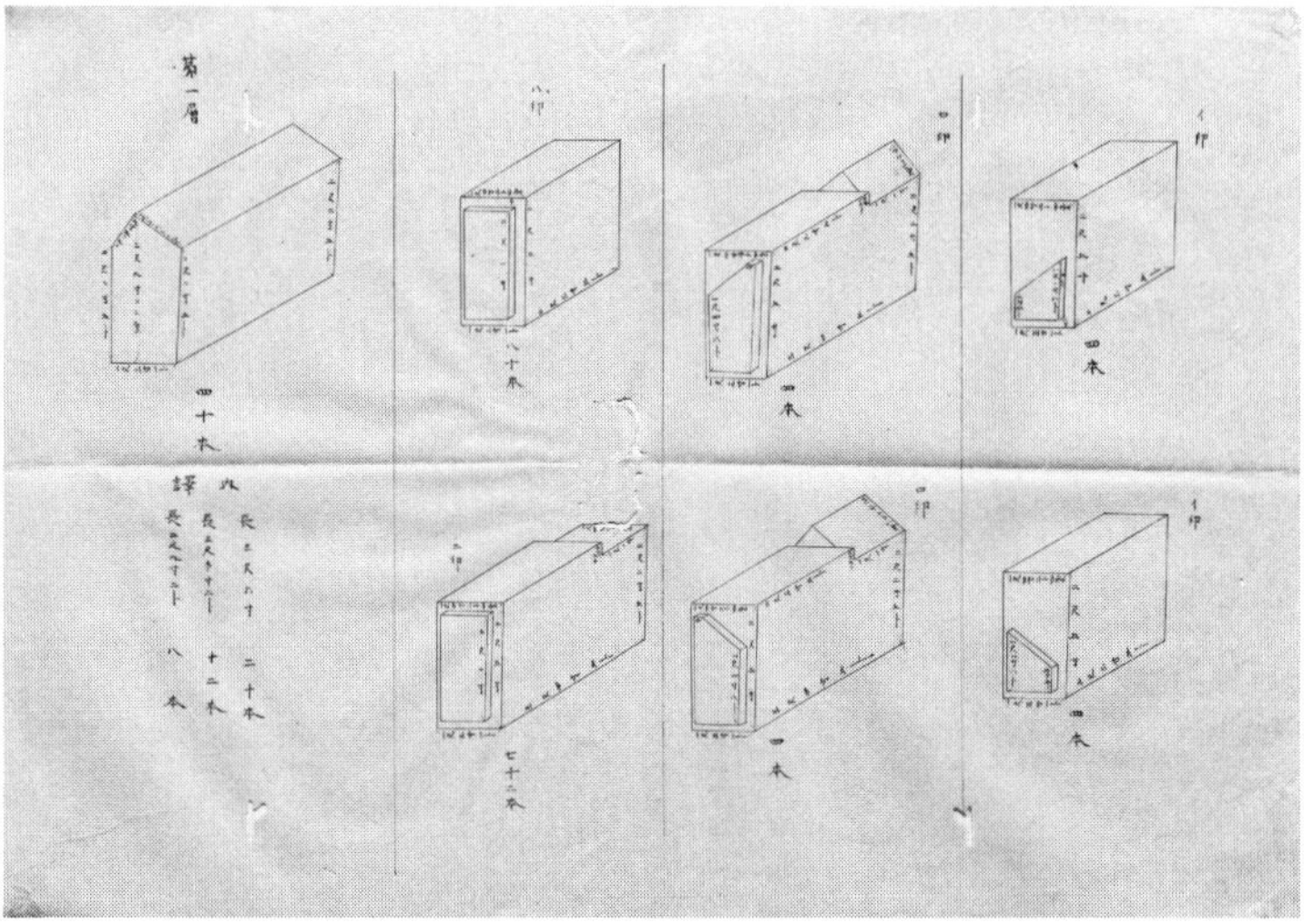

図2—9　巻石の部分図

同弦線ヨリノ矢立上リ　拾三尺

但止石ハ巻石下端ヨリ壱寸下リ

とある。本案件に伴うのが図2—8である。この巻枠組立に関する予算は、三一一七円九銭四厘が計上されるが、購入済の木材を含めた材料費が二六三三円三六銭二厘（約八四・四％）をしめている。これに、職工費や運搬費が加わることになる。巻枠の組み立ては、明治十九年十月十四日着手、同年十二月二十日落成とあることから二カ月間を要している。

この巻枠の上、全面に敷き詰めるのが巻石である。今日、皇居前広場側からアーチを形作る巻石の数は、一弧につき四三個ある。これが二連、しかも裏側もあるので一七二個をみることが可能となる。この巻石製作に関する案件が四四〇五—二の第二号「旧西丸大手江架敷之石橋巻石下拵及築造方共経費概算之件伺」（明治十九年二月一日提出）である。巻枠の上に敷き詰める巻石九九〇本を要し、図2—9は、本案件につく巻石製作四枚のうちの一枚である。使用する位置によって形状・大きさが異なり、図では二〇種類とその本数が示されている。各形状一本あたりの大きさはまちまちであるが、図2—9の左端、「第一層」の文字が入った雛型でみると、幅が一尺三寸一歩（約四〇センチ）、高さが二尺九寸二厘（約八八センチ）、長さが三種類あり、三尺六寸（約一〇九センチ）・三尺一寸二歩・二尺九寸二歩とある。一本あたりが実に大きく、これだけでも四〇本を必要とする。この案件では、概算金七六八一円五一銭に対して五六八八円で落札している。落札率は、約七四％に相当する。巻石の製作は、明治十九年五月二日に着手し、翌年六月十二日に終了する。およそ一三カ月間を要しているのである。

大量のセメント使用とコンクリートの橋面　大手石橋と二重橋鉄橋に共通することとして、大量のセメント使用をあげることができる。その量は、大手石橋で五五七樽六分、二重橋鉄橋で八八三樽三厘となる。一樽は四〇〇磅（一磅＝一ポンド＝四五三・五九グラム）であることから約一八一・四キロにあたる。これをあてはめると、大手石橋では約一〇一トン、二重橋鉄橋では約一六〇トンとなる。膨大な量なのである。使用の主体は橋面となる。二重橋鉄橋では、橋面の仕上げは木製張となるが、その下はコンクリート打ちとなる。さらに、セメントの使用量が大手石橋よりも多いのは、脚台にも大量に用いていることによる。余談であるが、セメントの代金は、大手石橋で四二二円九八銭、二重橋鉄橋で六六二八円五二銭八厘と記されている。

大手石橋の橋面におけるコンクリート打ちは、二つに大別することができる。一つは、車道の仕上げ。一つは、巻石・栈取石（橋台に接し弧状に配した巻石下位を固定するための切石で、厚さが七〜八尺）と橋面との間。後者は、中埋とも呼ばれ、小割栗石を詰めタタキ、その上を何層にもコンクリート打ちを施したもので、栈取石の上で最大九尺四寸五歩（約二八六センチ）を測る。入念な工事である。人道は、後者のコンクリート打ちに続き、さらに平均七寸（約二一センチ）の厚さで片側人道巾七尺の範囲でコンクリート打ちを行う。敷石の据えつけが完了するのが明治二十年十二月十四日となる。ちなみに、この時点では、高欄手摺の彫刻を終え据えつけてある。前者は、後者から半年以上経過する。四四〇五—二の第一四号「大手石橋々面及橋台共練砂利コンクリート打方経費概算之義伺」（明治二十一年七月二十一日提出）の案件となる。車道六六坪七合、橋台四一坪三合の一〇八坪を対象とし、仕様書にはコンクリートの比率として、セメント：砂：砕石が三：三：一〇ともある。この車道のコンクリート打ちは、宮殿の落成にあわせたものである。

電飾燈台座の獅子　大手石橋の設計は、皇居御造営事務局御用掛の久米民之助、電飾燈を含む欄干を工部省から司法省建築主任の河合浩蔵が担当した。アカンサスの葉飾りをあしらった電飾燈は、高さが二・七メートル。頂部に一球、腕に四球の電燈をつけ、溝彫の円柱の下には、旭日と獅子の顔を添えた台座がつく。この旭日と獅子のレリーフは、一基につき四面あり、さらに各面には獅子の足がつく（図2—10）。大手石橋には、六基の電飾燈が取りつけてあるので、獅子に限定すると二四個の顔で四方を睨みつけていることになる。

この電飾燈が発注した時点では、台座に獅子はなく、旭日のみであったことを知る人は、皆無に等しいと思われる。経過が重要と考えるので史料を紹介する。

『皇居造営録（金物）八四　明治一四〜二二年』（識別番号四四四〇—八四）の第一三号「青銅製電飾燈柱製造方申付之義伺」（明治二十一年七月一四日提出）の案件およびそれに関連する事業である。本案件

には、

概算金一、六八〇円

一金一、〇二五円九〇銭　　高木正年

青銅ハ下付ニ付除キ其他一式持出シ電燈柱六本之代

金（差引）六五四円一〇銭　追テ購入方可相伺分

とあり、仕様書には、

一五燈点火電燈柱　青銅製六基

壱基ニ付正味概算百三拾貫目附ノ見込

内

総高笠石上場ヨリ真中球燈上マテ九尺五分球燈共柱真上層ニ壱燈及四枝ニ球燈ヲ釣事枝燈ノ放レハ柱真ヨリ壱尺八寸ヲ以テ釣燈ノ真トス絵様蔓ノ鋳造共器面及模型ヲ示ス

〈以下略〉

と記されている。本案件に図はないが、請負者の高木とは七月三十一日に約定書を結ぶ。一カ月が経過しないうちに模様替えとなり、「電気燈柱増額之義伺」（明治二十一年八月二十三日提出）の案件に代わる。

最前受負金一、〇二五円九〇銭

改受負高金一、四四五円九〇銭

一金四二〇円　　高木正年

青銅製電気燈柱六基ノ増費

図 2—10　大手石橋電飾炉台座の旭日と獅子（撮影：小池　汪）

とある。この案件にはメモと思われる鉛筆書による二点の電飾燈の図がつく。台座の部分が大きく変化している。一点は、図2—10の旭日と獅子のレリーフ。一点は、旭日のみで獅子のないもの。すなわち、前者が模様替による見慣れたもの。後者が当初の発注した仕様書によるものということになる。費用の増加は、各電飾燈に獅子のレリーフを加えることで一基あたり七〇円の追加を示すものである。

今日、皇居を訪れると、大手石橋の獅子のレリーフと二重橋鉄橋鏡板の龍のレリーフは、正に相応しいといわれている。明治四十四年石造の日本橋が開通する。電飾燈を支える麒麟と親柱の上で東京市のマークを把持している獅子は有名である。仮に、当初の台座に獅子がいない旭日のみであったならば、皇居の二つの橋の評価と日本橋の霊獣も代わっていたかもしれない。

3　二重橋鉄橋の建造

大手石橋が電飾燈を忠実に再現し、本体が建造時のものであるのに対して、二重橋鉄橋は、初期の面影を残しながらも昭和三十八年に架けかえた二代目である。『皇居正門鉄橋架替工事記録』（識別番号八五〇四六）に詳述されているが、設計・製作・架設と全て国産によるものである。橋体の設計を平井敦（東大教授、片書は当時）、主桁飾高欄等の意匠を内藤春治（東京藝術大学名誉教授）、橋板の龍の原型を富山県高岡市在住の金工家・米治一、鋳造を山岸龍美、著色を折井竹次郎が担当した。総工費は、一億二六九〇万一〇〇〇円とある。表2―3に明治二十一年の鉄橋製作費が記してある。人件費から物価の比較をするのは難しいが、当時の一円＝二・五万円とすると、ほぼ同じ額となる。

新旧二つの鉄橋は、時間軸はもとより工法や資材などに差異が生じている。それでも龍のレリーフの鏡板と高欄の模様などどことなく風情が似ている。

新旧の龍　二重橋鉄橋は、架けかえがあるが、鏡板に龍のレリーフをつけることでは変化がない。しかし、製作者が代わることで龍の解釈が異なり、表情や形状に変化が生じている。鉄橋架けかえ時のアルバム『皇居造営録三六～四〇　昭和二八～四二年』（識別番号三三七〇七―三六～四〇）から三点を紹介し、比較することにする。図2―11は、新しい龍の鏡板をアーチ橋側面の手前側で終了したところである。奥側は、鉄橋の骨格が剝き出しになっており、これから取りつけけとなる。龍のレリーフに注目すると、顔は尾の方向、すなわち、アーチとなる中央側を向いている。未取りつけ箇所も顔の位置は同様である。反対側の鏡板も同じように製作されており、全体として四匹の龍が橋の中央を向き鉄橋を守衛していることになる。次に、新旧の龍の表情・形状の相違をみることにする。図2―12は、旧龍である。顔の向

図 2―11　二重橋鉄橋橋板の新龍レリーフ

図 2―12　旧龍

きが尾と反対側、すなわち橋端側を向いている。新龍とは逆方向である。まず、ここに製作者の龍に関する見解の相違が顕著といえる。特徴をみることにする。顔の表情はどことなく穏やかで、口を開けるが、舌が口元から延びることはない。前足は橋端下位、後足は胴中位の絡んだ下方に各々三本指で表現し、尾は螺旋状に延びている。図2―13は、新龍である。表情は、眼光鋭く口元から舌が大きく延びることで険しく感じる。前足が鏡板枠を握り締め、胴は中位で絡むが、そこから先は緩やかに延びる。全体として躍動感がある。

ドイツ、ハルコート社製の鉄橋　二重橋鉄橋の建造について、筆者は前述した大手石橋とともに『江戸城』のなかで、詳述したことがある。ふり返ってその特徴をあげると、前述した龍のレリーフの他に、鉄橋本体と四基の飾電燈をドイツのハルコート社に発注していること、

図2―13　新龍

鉄橋本体を支える橋台に大量の煉化石とセメントを使用していること、橋面の人道・車道に仕様の異なる二種類の木製張を敷設していることがまず浮かぶ。

二重橋鉄橋の設計は、在日ドイツ人のウィルヘルム・ハイゼが行ったといわれている。発注を横浜の伊理斯（イリス）商会にするが、史料で同社に架設鉄材の照会を最初にするのが明治十九年三月のことである。具体的に進展するのは、四四〇四―三の第一二号「西丸へ架設之鉄橋材品購入之儀伺」（明治十九年十月二日提出）の案件である。これには金額が示されており、

一銀貨一八、一七九円　　伊理斯商会

二重橋材料　　一組

内鍛鉄用凡八三トン　鋳鉄凡三五トン　此之代価独貨四五、五四〇マルク

五、二〇〇マルク　船積費（横浜までの）

一、二〇〇マルク　海上保険料

〆五一、九四〇マルク

とある。翌日には約定書が結ばれる。この内訳で注文されるのは、鉄橋部材が重量で積算されていることと、海上保険代が含まれていることである。先に大手石橋の建造で犬島産花崗石を紹介した。史料に「保険」のことばを散見されるが、具体的な数字はみられない。艀船から本船への積みこみで、誤まって海中に落下した記事が載る。この場合、落下させた側が同じサイズの石を実物で弁済しているのである。

鉄橋の製造所の名前が載るのは、右史料の二カ月後、第一三号「鉄橋材へ製造人氏名鋳付方「イリス」商社ヨリ出願ニ付処分方伺」の案件となる。

MAKERS
HARCOURT ACTIEN GESSELSCHAFT
DUISBERG

プレート文字には、ハルクルト株券会社であることが記されている。飾電燈は、立川市昭和記念公園、東京藝術大学、明治村にも移設されている。参考までに東京藝術大学構内のプレートには、「GESELLSCHFT HARKORT IN DUISBURG／DEUTSHLAND」の刻銘がある。ハルコート社のスペルが「CO」と「K」と異なるがここからも鉄橋部材一式がハルコート社製であることを示唆している（傍点は筆者）。

製作と組み建てとは別である。鉄材は、明治二十年八月には横浜に到着する。これは、税関手続のためであるが無税となる。いよいよ組み建てであるが、四四〇四―二の第一七号「鉄橋架渡工事洋人（ストルヌプランク）受負申付方入費及約定書之義伺」（明治二十年十一月十二日提出）の案件となる。

申可付高
一金七九三円　（受負人）ストルネプランク
　内
　金六九三円　鉄橋架渡費
　　内
　　金五五八円　職工費
　　金一三五円　機械損料雑品費
〆右ハ約定書ヲ徴収受負ニ可附分

金一〇〇円　　組建足代製図費
〆右ハ約定外前途可支払ノ分

とある。組建費内訳現書と和訳がある。横浜カールロデ商会から十月四日提出した積書訳文があるので紹介する。

東京皇居二重橋鉄橋架設入費概算
担シ取付日限四拾五日間

機械師	一人	一日金五円	二二五円
鋲釘打方	二人	一日金七五銭	六七円五〇銭
同	二人	一日金五〇銭	四五円
手伝	二人	一日金二五銭	二二円五〇銭
装網師	二人	一日金六〇銭	五四円
人足	八人	一日金四〇銭	一四四円
蒸気鑵器具借用賃			六〇円
ブロック、網、捲轆轤、綶施廻シ			六〇円
東京へ運送及返送			二五円
総計			六九三円

とある。一七人体制で四五日間は少ないようにも思える。この組み建ての積算には、石川島造船所も提出している。代価が五八〇〇円とあり、内訳をみると職工四七三〇人、人夫二八八〇人と人件費だけでも

五、一二一円となる。長く重い鉄材をストルヌプランクは機械を用いて効率的に組み建てていることが理解できる。

なお、架設のための足場が十二月二十三日に落成するが、史料を参照すると鉄橋架設の着工が十二月十二日、竣工が翌年三月二十六日と記されている。

頑強な橋台と大量の煉化石・セメント　二重橋鉄橋の特徴の一つに橋台の頑強さをあげることができる。八三三六一鉄橋架設事業として、冒頭の部分として「…鉄橋台厭力ノ充分保全を要シ旧石垣ヲ解除改築シ其石垣中鉄材ノ厭力ヲ支受スルニ煉化石ヲ畳重積固メテ堅礎ヲ築造ス…」の記述がある。橋台に大量の煉瓦石とそれを固定するためのセメントの使用を示唆する文言である。同史料には、鉄橋費と鉄橋台費の明細が載り、二つの項目の数字を拾うと、

煉化石　二八八、七〇〇本　金二、一四九円一銭
（五〇〇本）　（金三〇円）

セメント　八八三樽三厘　金六、六二八円五二銭八厘
（五五七樽六分）　（金四、二三二円九八銭）

となる。括弧内は比較するために、前述した石橋架設事業のものを示した。大手石橋の煉化石は、男柱と鏡石間の裏側で使用するものであるが、鉄橋での本数は優に五七〇倍を超えている。しかも堅固なのである。

木製張の橋面　ドイツのハルコート社製の鉄橋、鏡板の龍のレリーフ、頑強な橋台、飾電燈とどれを取り上げても皇居にふさわしい。そのなかで、歩道と車道の仕上げを木製張としているのは何とも不思議

である。橋面の下は、車道を例にあげるとコンクリート敲打セメント、さらに錆と灰汁留のためアスファルトを塗っている。鉄橋であればこれでも十分のようであるが、これに木製張が加わるのである。四四〇四―四の第一二号「鉄橋々面車道及人道共木製張方経費概算」（明治二十一年六月十五日提出）の案件である。

概算目途高
一金二、三三四円八三銭三厘
内
金四四円七五銭　職工定雇使役之分
金三六八円七五銭二厘　職工積合ニ可附分
金六一円九一銭　金具
金一、八五二円四九銭　木材
金六円九三銭　雑品

とあり、木製張の平面図がつく。車道延長八二尺二分、幅二〇尺七寸九分（樋を含）、人道幅片側七尺二寸五分に対するものである。車道は一ノ字を示すように横張、人道は等間隔で矢羽状、厚さも車道が五寸に対して人道が二寸と仕様をかえている。木製張は、寄木張とは目的が異なる。表宮殿の主要な各間（マ）（部屋）と廊下は寄木張床で各々模様が異なる。御車寄と東車寄間の廊下は、矢羽状の模様で統一されている。人道と廊下には、共通点を見出すことができるのであるが。

4　道路の整備

明治二十年代前半に道路整備といっても戸惑うのは、仕方がないところである。日本での自動車は、明治三十一年（一八九八）、築地と上野間をフランスのパナール・エ・ルヴァッソールM４型がテスト走行したのが最初といわれている。前述した大手石橋・二重橋鉄橋の「車道」は、自動車ではなく馬車を意図したものであった。

馬車や人力車が普及し、人道と車道とを区別するのはもう少しさかのぼる。明治五年二月二十六日、和田倉門内の兵部省添屋敷から出火し、折からの風で銀座一丁目に飛火、南佐柄木町・木挽町・築地など四一カ町、民家四八七九戸が焼失する。この復興に不燃化計画による銀座煉瓦街が誕生したのは、周知のことである。詳細は次章に委ねるが、その古写真を参照すると明らかに人道と車道とが区別されている。東京府下でいち速く木橋から石橋に架けかえた常盤橋も同様である。つまり、明治維新によって西欧風文化・技術が導入されるなかで、人道と車道の区別がはじまったと考えられる。

石橋・鉄橋のコンクリート打ち（舗装）も看過することができない。今日、道路舗装というと、アスファルトとコンクリートの二者がある。前者は、安価で直ちに使用すること、後者は、緻密かつ丈夫で耐久性に優れるという特徴をもつ。アスファルト舗装の初現は、明治十一年、秋田産アスファルトを使用した神田昌平橋といわれている。しかし、当時、馴染むことはなかった。他方、コンクリート舗装は、道路では大正元年（一九一二）、名古屋の大須観音入口、橋梁では明治三十八年の琵琶湖疏水橋がよく知られている。すなわち、皇居内の二つの橋は、これら事例と比較しても流石の一言に尽きるのである。

まえおきが長くなったが、皇居造営に関する資料を精査すると、二つの橋のコンクリート打ち以外にも

今も力強く働く鉄道高架橋

道路整備に関することが詳細に綴られている。道路の舗装はないものの、下地の構築では今日につながるものがある。資料は、四四〇八―一〜一〇が該当するが、当初は、造成・造営工事のための仮設道路、宮殿・橋梁などの竣工が近づくと本格道路の構築となる。ここでは、後者について述べる。

等級が記された道路　筆者が最初にみた史料である。四四〇八―六の第二号「奥御車寄ヨリ宮内省脇新坂道通リ及同所ヨリ楓山下通リ西桔橋迠道路構造方経費概算之儀伺」（明治二十年八月二十七日提出）の案件である。道跡構造に貳等道路と三等道路の二種類が登場するが、まずは案件を紹介する。

概算高
一金二、一〇二円八五銭二厘　定雇使役
内
金一、三七一円五四銭六厘　土方五千七拾九人分　壱人金貳拾七銭
是ハ貳等道路構造面積貳千三拾壱坪九合二夕は砂利二号通《ママ》数敷ロール堅メ方壱坪ニ付土方貳人五歩掛リ
金七三一円三〇銭六厘　土方貳千七百八人五歩四厘　壱人金貳拾七銭
是ハ三等道路構造面積千九百三拾四坪六号七夕前同断壱坪ニ付土方壱人四歩掛リ
（傍点は筆者）

とある。本案件には図がつく。道路構造方の注記と照会すると、奥御車寄から宮内省脇までの全面と、宮内省脇から西桔橋西側に延る楓《もみじ》山通り（皇居造営では紅葉山の表記はほとんどない。今日の乾通り）の中央部が貳等道路。楓山通りの両端が三等道路となる。道路構造方から、壱坪あたりの土方の人数が貳等道路の方が壱人一歩の割合で多く投入しており丁寧な仕上げであることがわかる。さらに、楓山通りでは、

貳等道路が車道、三等道路が人道であることも容易に察することができる。

四等級に分けられた道路構造　前述した案件は、道路構造方の基準を決定後の最初となるものである。その基準を紹介する。四四〇八―六の第八号「御敷地内道路及附属石下水工事仕様並壱坪当リ目途概算之義伺」（明治二十年六月二十四日提出）の案件である。長文になるが史料を紹介する。

一金一円四八銭二厘　壱等道路壱坪一式費
　内金八一銭　職工費　金六七銭二厘　材料
一金一円二一銭九厘　貳等道路前同断
　内金六七銭五厘　職工料　金五四銭四厘　材料
一金六二銭　三等道路前同断
　内金三七銭八厘　職工料　金二四銭二厘　材料
一金二八銭四厘　四等道路前同断
　内金二〇銭三厘　職工料　金八銭一厘　材料
一金九円二六銭四厘　壱等道路縁操石下水
　内金四円七二銭　職工料　金四円五四銭四厘　材料
一金六円四銭八厘　貳等道路前同断
　内金三円七二銭　職工料　金二円三二銭八厘　材料
〆

とある。このあと仕様が続くが、道路に限定する。

道路仕様書

一壱等之分　重ネ八寸五分ヲ
突方仕上ケ六寸

右仕様現場水盛致シ水切勾配櫛形共図面之通遣形取建下地堀《ママ》起シ土性合宜敷分掻除置高下大ローラル数遍曳堅メ濱川大玉砂利大サ弐寸ヨリ三寸位迠厚四寸敷之内弐寸通リ敷並ベローラル数遍曳堅メ濱川切込山砂利厚五分通リ震込大玉砂利弐寸敷ローラル数遍曳堅メ濱川切込山砂利壱寸通敷平均大蛸ニテ念入突堅メ之上堀《ママ》起シ土性合宜敷分櫛方致厚壱寸五分通リ遣形ニ準シ敷並地盤拵致シローラル数片曳堅メ打水致シ小蛸ニテ念入陸置シ突堅メ之上玉川砂利六分目櫛弐分目留櫛厚壱寸五分ヲ三度ニ敷平均壱度毎ニローラル念入五分ツヽ曳堅メ下水際桝廻リハ小蛸或ハ小棒ニテ再応対無之様突堅メ仕上之事

一弐等之分　重ネ七寸ヲ
突方仕上四寸五分

（厚サ以外同じ仕様ニ付、略ス）

一三等之分

右仕様現場水盛致水切勾配櫛形共図面之通遣形取建下地堀《ママ》起シ土性合宜敷分掻際置高下平均シローラル数遍曳堅メ掻除ケ土之内性合宜敷砂利交リ之分壱寸通リ敷平均大蛸ニテ念入突堅メ濱川砂利山砂利弐寸通リ敷平均大蛸ニテ念入突堅メ堀《ママ》起シ土性合宜敷分櫛方致遣形ニ準ジ敷並ベ地盤拵致シ「ローラル」数遍曳堅メ打水致シ小蛸ニテ念入不陸直シ「ローラル」念入曳堅メ際通リ小棒或ハ小蛸ニテ再度村《ママ》無之様突堅メ仕上ケ之事

一四等之分
右仕様地盤下地悪敷処へ堀《ママ》起下平均其他置土共致シ蛸突堅メ「ローラル」引上砂利玉川八分目櫛壱寸
通敷平均「ローラル」念入曳堅メ

とある。史料の「ローラル」は、ローラーのことを指す。人力車や馬車が主流の時代に、道路構造そのものが四種類あること自体が不思議であり、さらに、壱等・貮等道路は、表面にアスファルトやコンクリート舗装を行えば、今日の道路以上の堅固さとなるのである。

本案件は、道路整備を進める上で基準を示したものであり、四等級の区別とともに、提出日も注目されるところである。明治二十年六月には、表・奥宮殿の外装工事がほぼ終了する。つまり、建築資材の運搬が終わり、荒れ果てた仮設道路は、本格道路へ衣がえをすることを示唆しているのである。

壱等道路は何故　さきに、奥御車寄と宮内省脇間と、宮内省脇から西桔橋間の車道が貮等道路であることを述べた。他の案件をみると、この道路に続く坂下門の内外、乾門までの間も貮等道路である。貮等道路は、このほか各所でみることができる。

壱等道路が気になるところである。二つの案件がある（うち一件は増坪有）。一つは、四四〇八―七の第二号「御車寄前及正門内通リヨリ東車寄前坂道迠道路構造方経費概算之義伺」（明治二十年十一月十八日提出）である。

概算目途高三、〇八二円七二銭
一金一、三七三円七六銭　　内

金一、三七五円七六銭　職工定雇使役ノ分
金一、三三九円九六銭　灰砂費
金三六九円　　　　　運搬費

とある。仕様書をみると、前述した基準よりもさらに丁寧な仕上げとなる。
一壱等道路面坪概貳千坪重子九寸ヲ　突方仕上ケ六寸　車道構造壱ヶ所
職工費は、土方人足五〇八八人分の積算であり、基準書よりも九一二人少ないことからその分二四四円二四銭を引いた金額が示されている。他方、材料をみると二種類増える。概算書を示すと

金一、三三九円九六銭　灰砂
此訳
濱川大玉砂利　立一〇〇坪　壱坪ニ付　金五円七九銭　金五七九円
同　切込山砂利　同五〇坪　同　金四円　金二〇〇円
同　篩山砂利　同三二坪　同　金四円八九銭　金一五六円四八銭
玉川八分目篩砂抜砂利　同三二坪　同　金五円四銭　金一六一円二八銭
玉川六分目篩二歩目砂利　同三二坪　同　金七円六〇銭　金二四三円二〇銭
〆
金三六九円　　運搬
大小砂利二四六坪　金一円（壱坪ニ付）三〇銭　金三六九円
〆

とある。基準と比較すると、濱川篩山砂利と玉川八分目篩砂抜砂利が加わることになる。何よりも、砂利を重ねた厚さが八寸五分から九寸に増えている。職工費の減額は、およそ三〇〇坪分に相当するが、材料に限ると、四円三三銭減の約六・四坪分にあたる。仕様では「概貳千坪」とあるが、職工費と灰砂費（材料）との関係でみると、材料を多めで仕上げを当初の厚さにすることは入念な突き固めを必要とし、人夫増とするところであるが、少ない人数で要求していることになる。基準の職工費（一坪あたり）がやや高く設定してあるとも考えられる。

増坪に関することは、第三号「御車寄前ヨリ東車寄前通坂道沾道路構造方増坪経費概算伺」（明治二十一年一月十四日提出）案件にあるが省略する。

もう一つは、四四〇八―七の第二六号「大手御門内ヨリ鉄橋前通リ吹上御門及山里御門外坂道沾道路構造方仕様及経費概算之義伺」（明治二十一年五月三日提出）の案件である。この案件には平面図がつき、壱等・貳等道路の二者がある。壱等道路は、西丸大手門内から二重橋鉄橋までの所謂、表宮殿に通ずる道路。貳等道路は、これを除くものとなる。具体的な数字を示すと、

概算高五、一〇一円八〇銭六厘

一金二、八七五円六六銭六厘

内

金二、〇六六円六六銭六厘　職工定雇使役之分

金八〇九円　材料

朱書にて

金二、二二六円一四銭　貯蓄材料

〆

とあり、仕様書をみると

一壱等道路　一、三七一坪　重子九寸ヲ突方仕上ケ六寸

〆

一貳等道路　三、二四六坪　重子七寸ヲ突方仕上ケ四寸五歩

〆

とある。この案件で注目されるのは、二種類の道路の区別のほかに、予算計上がある。壱等・貳等道路の対象面積は、四六一七坪となる。それに関する材料費は、三〇三五円一四銭となる。単純に計算すると、一坪あたり、六五銭七厘となる。先の基準値と照会すると、おおよそ壱等道路の額に相当する。道路面積をみた場合、貳等道路が七割を占めることを考慮すると手厚く材料が用意されているのである。一方、職工費を概算積書より抜粋すると、以下の記述がある。

金二、〇六六円六六銭六厘　職工定雇使役之分

此訳

土方人足七、六五四人三歩二厘　壱人ニ付　金二七銭　金二、〇六六円六六銭六厘

小訳

壱等道路一、三七一坪　壱坪ニ付　壱人九歩四厘八毛　二、六六五人二歩二厘

貳等道路三、二四六坪　同　壱人五歩三厘七毛　四、九八九人一歩

右の史料を基準値と照会すると、いずれも一坪あたり人夫一人が減少している。作業が心配となるところであるが、一つの案件を加えることで理解することができる。四四〇八―七の第一〇号「鉄橋南部ヨリ大手御門内迠地盤荒拵方定雇使役之費概算伺」（明治二十一年一月十二日提出）の案件である。本案件は、

　　概算高

　　　一金六七二円九七銭五厘

　　　　内

　　　　土方人足　二、四九二人五歩　壱人ニ付金二七銭

　　　　此坪数二、四九二坪五合　壱坪ニ付壱人掛

（傍点は筆者）

とあり、本格的な道路整備を前に、そこが工事車輌の通行などで傷んだので人夫を動員して応急処置をするというものである。付図があり、鉄橋から大手御門内までの対象図面は、前述した第二六号案件と一致する。何より応急処置にしては、案件に材料が含まれていないのである。すなわち、二つの案件を一つとみることで、道路整備の人足不足を解消することが可能となるのである。

　皇居造営に伴う壱等道路は、資料を精査しても他には見当らない。先に、大手石橋と二重橋鉄橋が、構造・機能の両面で車道・人道が特別なものであることを指摘した。この二つの橋間、さらには表宮殿の玄関となる御車寄・東車寄間の道路を壱等道路とすることで最高の格式となり、新宮殿の威厳を高めている

のである。

皇居前広場の道路構造　皇居造営にあたり、皇居広場西半は、当初、図2―7で示したように資材置場、さらには工作場として利用された。竣工後は、一変する。この道路整備に関する案件が四四〇八―八の第一八号「外構道路改正築造方仕様並ニ経費概算之義伺」(明治二十一年四月十一日提出)である。本案件には道路のほかに下水工事が加わる。

概算高

一金二九、六三一円六四銭三厘

内

金二二、二六四円八一銭　職工料

金二七六円七九銭　運搬費

金七、〇八八円四銭三厘　材料

〆

とある。このうち道路に関する工事内訳をみると、

一平積二九、八八四坪七合九夕

外桜田御門内ヨリ皇城下広場及桔梗御門広場ヨリ陸軍調馬局ヨリ元老院脇通中道トモ地盤平均道路構造共

右概算費

一金一五、九八八円三五銭八厘

道路面積二九、八八四坪七合九夕
　壱坪ニ付金五三銭厘
　　但シ材料仕分切上ケニ差アリ
　内
金一二、一〇三円三四銭　職工料
金三、八八五円一銭八厘　材料
〆
　此壱坪積内訳
道路地盤拵及旧下水　平均一間ニ付　壱人ニ付金二七銭
堀《ママ》上ケ地固ロレス引及上砂利敷方共　土方一人半掛　金四〇銭五厘
玉川砂利八歩目篩　壱坪ニ付　立壱坪ニ付金六円五〇銭
砂抜厚一寸二歩敷　二夕　金一三銭
〆
〈下水、以下は略〉

面積・金額とも大きく、しかも材料が変則的であることから戸惑うが、職工料からこれが三等道路相当であることがわかる。大手石橋外と本案件の間は、貳等道路となる。紙面に限りがあるのでこれ以上、控えるが、近代道路を理解する上で基本となる史料といえよう。

我国で最初に道路構造方を示したのは、明治十九年八月、内務省訓令第一三号の「道路築造標準」が知られている。これは、築造計画、路面ノ築造、勾配及屈曲、掘割及盛土、橋梁暗渠及隧道、並木、保存及修繕の七章四六条からなるものである。路面の構造は、割石（砕石）としており、馬車の盛行に対応したものである。厚さの指示があるが、自治体への侵透には至らなかった。他方、皇居造営では、この訓令の翌年、道路構造方を細かく規定し実践している。まさに、政治政府の手本となっているのである。

三　沈澄池・濾池の設置と鉄管の敷設

皇居内の上水事情は、江戸時代と同様、上水道と掘井戸の二者からなる。前者は、玉川上水の御本丸掛・吹上掛の樋筋を基本とし、時間軸の経過のなかでその樋筋もいくぶん、変更するが、大きな変化として二点ある。一点は、木樋から鉄管への移行。一点は、吹上内に水質浄化を目的とした沈澄池と濾池の設置。

次章で述べるが、玉川上水は、取水口の羽村から四谷大木戸までは開渠である。その後は、地下に埋設された石樋・木樋であったが、暴風雨や洪水による水質汚濁に加えて、明治初年に通船を許可したことで水質悪化は深刻な課題であった。淀橋浄水場が竣工するのが明治三十一年（一八九八）十二月一日であるが『東京水道改良設計書』を内閣総理大臣の許可を得て、東京市議会で可決されたのが明治二十三年のことである。つまり、明治宮殿竣工時には、浄化された上水の導水線は不可能であった。それ故に、浄水の安定的な供給を得るには、東京府土木課水道掛との協議が必要で、最先端の技術がいち速く導入されることになる。

玉川上水の引き込みと北桔橋門

皇居内での御膳水・飲料水は、掘井戸で得られたものである。掘井戸は、掘削の深浅によって、掘抜井戸と掘井戸の分類もある。江戸時代では、掘抜井戸の事例として「上総掘り」は有名である。皇居造営では、アメリカのルーミス・ニーメン製造の鑿井機械一式を銀貨二二六八円一六銭九厘で購入したとある。『皇居御造営誌七三　鑿井事業』（識別番号八三三七三）を参照すると、堀《ママ》井戸二四カ所（本堀《ママ》一、大坂堀《ママ》一三・山井戸仕立一〇）の記録が載る。深さはまちまちであるが、賢所御神水と御清井戸が最も深く七〇尺（約二一メートル）とある。本章での詳述は除く。

1　上水道設備で東京府との折衝

上水道の水質悪化は、明治政府はもとより東京府としても深刻な課題であった。西欧文化が紹介されるなかで、浄水場施設と鉄管への切りかえは、東京府としての意向でもあった。しかし、予算がなく、体制としても不十分であった。東京府の組織上、水道掛が登場するのは明治十五年十月のことであり、土木課内に置かれたものであった。

皇居御造営事務局では、半蔵門より上水道を継続して使用する必要があり、浄化された水を得るには、東京府側からの専門知識と協力が不可欠であった。この事業では、上水樋線敷設工事並びに沈澄池・濾池の設置について東京府に嘱託し、鉄管を全て輸入品とすることを念頭に置かねばならない。表2―6に経過を概略する。

東京府では、専門的な所見から①樋線を鉄管にすること、②浄水を得るためには濾池を必要とすることを的確に述べている。さらに、②では、追加として沈澄池の開設を勧めている。表のなかから、鉄管敷設

表 2—6　皇居地内、上水施設開設に伴う東京府との折衝一覧

整理番号		要　件	費用・その他
1	明治17年 6月13日	東京府へ依嘱、工事打合せのため掛官派遣の依頼	
2	8月14日	東京府より樋線測量完了と鉄管布設のための協議	
3	9月24日	東京府より水道布設経費の提示　①	概算金 35,097 円 96 銭 7 厘 ①
4	10月 3日	東京府より玉川上水汚濁対策として濾池の必要性	
5	12月13日	東京府より水道敷設経費削減の通牒　②	概算金 31,779 円 45 銭 1 厘（予備費 4,000 円を含）　②
6	12月15日	東京府より上水沈澄池開設経費の提示Ⓐ	概算金 23,000 円Ⓐ
7	明治18年 3月13日	東京府より沈澄池に加え濾池の必要性Ⓑ	概算金 32,988 円 53 銭（+ 放水渠の新設）Ⓑ
8	4月20日	沈澄池・濾池の仕様・概算費について 4 月 11 日付で承知との回答	沈澄池・濾池開設の大意アリ
9	5月7日	東京府へ上水工事概算高を確認	経費 69,672 円 20 銭 8 厘（② + Ⓑ + 三ノ丸厩用 4,904 円 22 銭 7 厘）
10	7月20日	東京府より沈澄池新設工事を 7 月 21 日着手との連絡	
11	明治19年 3月1日	東京府より鉄管到着の連絡	
12	6月16日	東京府より 18 年度分仕払金 45,000 円の通牒	沈澄池築造費・他
13	明治20年4月5日	東京府へ18年度支払を除く残 24,672 円 20 銭 8 厘に三ノ丸水道線変換増 2,843 円 71 銭を 3 月 28 日付で了承 5 月中に全て支払	
14	明治21年12月 2日	水道工事にかかる図面・書類を現地立合のもと引渡 19 日付で領収書	

に関する詳細な概算費を述べている整理番号5と沈澄池・濾池開設の大意を記した整理番号8の二つの史料を紹介する。

鉄管敷設経費　鉄管は、鋳鉄製であり、製造技術が確立されていないことから、輸入に頼らざるをえなかった。整理番号3からおよそ三三〇〇円減じたのは物価の下落によるものである。

皇居御造営御敷地内外上水引用樋線新設費概算

一合金三一、七七九円四五銭一厘

内

金二六、九七五円一五銭一厘

内

金一八、〇七五円三八銭六厘

是ハ鉄管内径一四インチヨリ二インチ迄直管及彎曲T形管鋳造及継手取付入費

金一、三六三円二〇銭

是ハ前管線路水配器械鋳造及取付入費

金一、六八八円六九銭

是ハ立鉄管鋳造及取付入費

金四五八円一五銭四厘

是ハ「ハイドランド」鋳造及取付入費

金一、六六五円一二銭

是ハ鉛管延長六百間「フランシーボルト」共入費
金二七二円三四銭四厘
是ハ鉛管付属「コック」六〇個入費
金四二三円三二銭四厘
是ハ前鉄管及器械運搬費
金一、九九八円五二銭七厘
是ハ鉄管堀《ママ》埋入費
　但敷盤石材地形割栗石砂利等ノ入費ハ省ク
金二四〇円五四銭四厘
是ハ水配器械其他外桝造立及堀《ママ》埋入費
金三四二円五銭一厘
是ハ半蔵門内石出桝ヨリ同所吹上御門内出桝迄樋桝及打越芥溜仮樋桝造立堀《ママ》埋共入費
金四四七円六一銭一厘
是ハ煉化沈澄桝入費
金四、〇〇〇円
是ハ予備費工費一割五分弱
金八〇四円三〇銭
是ハ職工取締トシテ傭四名給料筆墨料手当等ノ入費

表2―7　皇居造営で発注・使用した鉄管の数量と大きさ

内径	長さ			注文管	支管附注文管	差引減	合　計
	12フィート	9フィート	6フィート				
22インチ	7			1			8
14インチ	233			8		(4)	241
12インチ	30			2			32
10インチ		70		1			71
9インチ		52		1		(1)	53
8インチ		4				※ (2)	6
7インチ		105				(3)	105
5インチ		432		6			438
4インチ		263		8		(2)	271
2インチ		908	608	9	116	(12)	1,641
合計	270	1,831	608	36	116	(24)	2,866

※　8インチ管6本のうち、2本の仕様は不明、そのため差引額は、発注した鉄管のうち使用しなかったものを指す

とある。江戸時代の玉川・神田上水では、石樋・木樋共、幹線筋では太く、支線筋では細くなる傾向がうかがえた。今日の水道管事情も同様である。やはり、鉄管の太さと本数は気になるところである。

鉄管の太さと本数　皇居内の上水事業に関する報告書として、『皇居御造営誌七〇・七一　上水沈澄池事業一・二』（識別番号八三三七〇・八三三七一）の二件の資料がある。このなかに、「鉄管遣払仕訳書」として、太さ・長さの法量、本数、使用箇所等々の情報が記されている。史料は、内径の太い順に並び細くなるほど本数が増える。前述した概算書では、鉄管の太さが一四インチから二インチとあるが、それらを超える二二インチのものもみられる。八インチまでは本数が少ないので抜粋し、以下を含めたものを表2―7に示す。

　　鉄管遣払仕訳書

一鋳鉄直管　八本　内径二二吋［インチ］

　内七本　長二二呎　一本　注文管

是ハ沈澄池放水管ニ遣

一同　二四一本　内径一四吋
内二三二本　長一二呎
八本　注文管
此遣払
一九二本　半蔵口石出桝ヨリ山里一〇吋分レ迠及沈澄池導水管配水塔ヨリ吸水管等ニ遣フ
四本　右同線路注文管
三九本　濾池導水線水管ニ遣
二本　右線路注文管
〆二三七本
差引四本残
一同　三二本　内径一二吋
内三〇本　長一二呎
二本　注文管
是ハ濾池吐管ニ遣
一同　七一本　内径一〇吋
内七〇本　長九呎
一本　注文管
此遣払
四四本　山里一四呎分レヨリ御清流レ分レ迠ニ遣
二一本　御清流レ分レ口ヨリ北御車寄前阪（ママ）下口分レ迠ニ遣
四本　阪《ママ》下分レ口ヨリ七吋分レ迠ニ遣

壱本　半蔵門口吐管ニ遣
壱本　吹上掛リ在来樋取合セニ遣
〆七一本
一同　五三本　内径九吋
内　五二本　長九呎
　　一本　注文管
此遣払
五一本　旧釣橋埋立地一四吋分ヨリ山里御文庫前迠ニ遣
一本　右同線路止リニ遣
〆五二本
差引一本減
一同　六本　内径八吋
内四本　長九呎
此遣払
四本　濾池上吐管ニ遣
〆四本
差引残二本
〈中略〉
合計二、八六六本

内　三三五本　注文管
　　一一六本　支管附注文管

遣払数二、八四二本

差引減二四本

となる。史料に載る「吋」はインチ（約二・五センチ）、「呎」はフィート（約三〇・四センチ）を示す単位である。鋳鉄管二八六六本を発注し、二八四二本を使用していることになる。建物でみると、奥・表宮殿、賢所、女官部屋、宮内省等々に樋線が繋がる。表2―6の整理番号9で三の丸厩に樋線を引くことを記した。江戸時代の御本丸掛の樋筋では、北桔橋門外から竹橋門、帯郭を経て二ノ丸苑庭であったが、皇居造営では、北桔橋門内から梅林坂、二ノ丸、三ノ丸とルートが変更する。表2―7には、二ノ丸御厩外までの五吋管三一八本、二吋管の二ノ丸内一八九本と三ノ丸内一九〇本の合計六九七本が含まれている。

皇居内の上水道は、半蔵門の石出桝を起点として分配する。その範囲内での本筋には太い管を用いるとともに、沈澄池と濾池の容量の大きさをここからもうかがうことができる。

鉄管について補足する。右史料だけで樋線を確立することは不可能である。連結管や各線止り立管、水栓、活嘴、阻水活嘴などである。さらに、前掲した史料では鉛管などもある。鋳管に続いて記述があるが、このうち連結管について記す。史料には、

鉄管連結管遣払仕訳書

一鋳鉄管　二二個　内径一四吋

内

一二個　彎管

四個　朶管
七個　T形管
〆
にはじまる。先に内径が一四・一二・一〇・九・七・五・四・三・二吋の鉄管があることを述べたが、連結管も同様である。最後が異なる。

一同　一個　内径一吋二分ノ一
〆
合計三四二個　遣払

とある。内径一・五インチの鋳管はない。史料を精査すると、鉛管に内径が異なる四種類のサイズがあり、そのなかの一つに一・五吋の記入がある。この連結に使用したものと考えられる。

沈澄池・濾池開設構造の大意　皇居御造営事務局と東京府との折衝のなかで、最初に鉄管への交換・敷設が指摘される。やや遅れて濾池と沈澄池開設の必要性が説かれる。今日、各自治体の浄水施設のお陰で生活に不便を感じることはない。しかし、開渠で芥溜や目視での監視に頼らざるをえない当時、耳を疑う言葉であったに違いない。表2―6の整理番号8に記されている。長文になるが紹介する。

皇居御造営御敷地内沈澄池濾池開設構造大意
茲ニ計画スル所ノ浄水ヲ澄清スルノ方法ハ先ツ水道ヨリ来ル水ヲ沈澄池ニ導キ汚物ヲ沈殿セシメ夫ヨリ濾池ニ導キ一層繊細ナル汚物ヲ除去スルに在リ
沈澄池設置ノ場所ハ吹上旧御馬場地トス池ノ面積約五万平方尺深一〇尺ニシテ約五〇万立方尺ノ水量

ヲ貯蔵スルヲ得周囲ノ堤塘ハ其高池筏ヨリ一三尺ニシテ水面上一三尺ニ達ス堤塘ハ堀《ママ》取スル土ヲ以テ之ヲ造リ其中心ニ粘土壁ヲ設ケ漏浅ノ害ヲ防ケ池ニ面スル堤腹ハ「モルタル」ヲ以テ之を塡充ス是レ水ノ衝激ニ由テ堤腹ノ破壊ヲ予防シ亦又ノ浸透ヲ防過センケ為ナリ

濾池ニ水ヲ導クハ鉄管ヲ以テシ鉄管線ハ吹上掛リ出桝ヨリ起ルモノトス

又該池ヨリ鉄管ヲ埋布シ清澄セル水ヲ濾池ニ送ル

濾池ハ沈澄池ニ接シテ其東方ニ設ケ二箇アリ並列ス底ハ粘土ヲ以テ覆ヒ其上ニ煉瓦ヲ敷ク周囲堤塘ハ其高サ池底ヨリ一〇尺九寸ニシテ其内面ハ底ト同シク粘土ヲ置キ之ヲ覆フテ煉瓦ヲ以テス

汚物ノ濾過法ハ欧米諸国ニ行ハルル所ノモノニ同シク水ヲシテ砂岩層ヲ通過セシメ以テ汚物を除去スルニアリ

各濾池ヨリ鉄管ヲ以テ水ヲ其中間ニ設クル浄水槽ニ導キ夫ヨリ又鉄管ヲ以テ水ヲ需要ノ地ニ輸ス槽ハ需要ノ増減ニ応シテ輸水ノ量ヲ調整スル為ニ設クルモノナリ

沈澄池並各濾池ヨリ放水管を埋布シ池ク掃除スル等ノ為メ其水ヨリ放棄セントスルトキノ用ニ供ス

水ノ鉄管ニ入ル所ニハ各適宜ノ装置ヲ施シ鉄網ヲ其口ニ張リ木葉塵芥等ノ流入ヲ防止ス沈澄池ノ外ニモ亦別ニ一管ヲ埋布シ準備ヲ為ス鉄管線ノ各所ニ水弁ヲ設置シ水ヲ阻上スルノ便ニ供ス

以上構造ノ大要ナリ

とある。内容をみる限り、特別なものは見当らない。しかし、沈澄池と濾池は、巨大な構造物なのである。

2　沈澄池と濾池の開設

沈澄池と濾池の位置は、吹上門の南側、皇居内の上水道の起点が半蔵門内となるので、半蔵門と吹上門とのおよそ中間に沈澄池、隣接して東側に濾池となる。沈澄池への導水は、旧吹上掛（西丸掛）の樋筋を整備し、そこからの引き込みとなる。先に鉄管を紹介したが内径一四インチ（約三五・六センチ）は、二二インチの沈澄池排水管を除くと最も太い管を用いることになる。二つの池は、次章で述べる淀橋浄水場が開設し、半蔵口までの鉄管が敷設されるとその目的・機能が失われ、取り壊しとなる。

沈澄池　上水を貯え、最初の汚物沈殿施設である。平面形が変形長楕円形を呈するが、新設仕様書に以下の規模に関する記述がある。

一沈澄池
　周囲上口延長百七拾四間（周囲約三一三メートル）　深拾六尺五寸（約五メートル）
　　此面坪千六百四拾坪
　同下口延長百三拾五間
　　此面坪八百拾坪
　此水ノ容量
　　尺立方五拾四万五千九百立方尺（約一四七〇〇立方メートル）
　　　此訳
　沈澄池在来地盤堀《ママ》割
長均五拾九間（約一〇六メートル）ニ巾均拾三間（約二三・四メートル）ニ深均五尺六寸（約一・七

メートル）

此立土坪七百拾五坪九合

堤塘真植土詰地盤堀《ママ》割

延長百七拾四間　巾均五尺　深均拾尺

此立土坪三百貳拾坪九合

堤塘心植土詰

延長百七拾四間　巾均三尺九寸五分　高均貳拾尺

此植土立坪五百七拾壱坪五合

但立坪三百八拾壱坪ノ所練立築堅メニ付割増

（括弧内は筆者）

とある。堤塘とは、沈澄池に貯水するための土手を意味する。深さはともかく、五〇メートルプールおよそ二個分相当ということになる。掘削は、地面を約一・七メートルとあることから、地上およそ四・五メートルの堤塘を築くことになる。堤塘の芯と池底および矩面には粘土を厚く盛ることで強度を保ちながら漏水を防いでいる。堤塘を保全するには、粘土だけでは不十分である。仕様書をみると、斜面となる法面の上下に留石として相州堅石（安山岩）、その間を鏡石として房州元名石（凝灰岩）を据えつけ、合口となる隙間にはモルタルを充填している。

濾　池　沈澄池で汚物を沈殿し、清水を濾池に導き精緻な濾過を行うのが濾池である。そのため、構造が少し異なる。地面の掘削後、池底と堤塘芯に粘土を厚く貼ることは同じである。池底には粘土の上にコンクリート、さらにその上に濾石を二層に重ね、堤塘の法面には煉化石を敷き詰めている。また、濾過の精度を高めるために、池底の濾石の上に、砂利割栗石と砂の二層を重ねている。池底に濾石を敷くために、水面までの深さは一〇尺九寸（約三・三メートル）と沈澄池の一三尺五寸（約四・一メートル）と比べて浅くなる。

半蔵口からの上水が沈澄池・濾池の二つを通過することで、皇居内に清水を供給することが可能になったのである。

3　皇居造成工事と上水道

皇居造営後の上水道の利用として、鉄管への布敷替、沈澄池・濾池の開設を述べてきた。もう一つ重要なこととして、旧樋筋の修繕と延長がある。その目的は、造成時に西丸（史料では「山里下灰泥所」と記載）と蓮池の二カ所に灰泥（モルタル）精錬所を建設し、大量の水を供給することにある。その経過および樋筋に関しては、『皇居造営録（上水）一　明治一五～二一年』（識別番号四四一二一―一）に詳しい。図2―14は、四四一二一―一の第一九号「山里下灰泥製煉所ヨリ宮内省建設所及蓮池灰泥製煉所迠用水引方概算伺」（明治十八年六月十三日提出）の案件に伴う図である。画面中央下が坂下門、右隣が始濠、右斜上が宮内省の建設予定地となる。樋筋は、朱書で描かれている。左端は、「山里下灰泥所」前の出桝で途切れているが、二重橋を渡り玄関前門を右折し、山里門内に繋がる。すなわち、半蔵口からの給水となるのである。本図内には、灰泥所＝モルタル製錬所として「山里下灰泥所」と「蓮池灰泥製錬所」の二カ所が

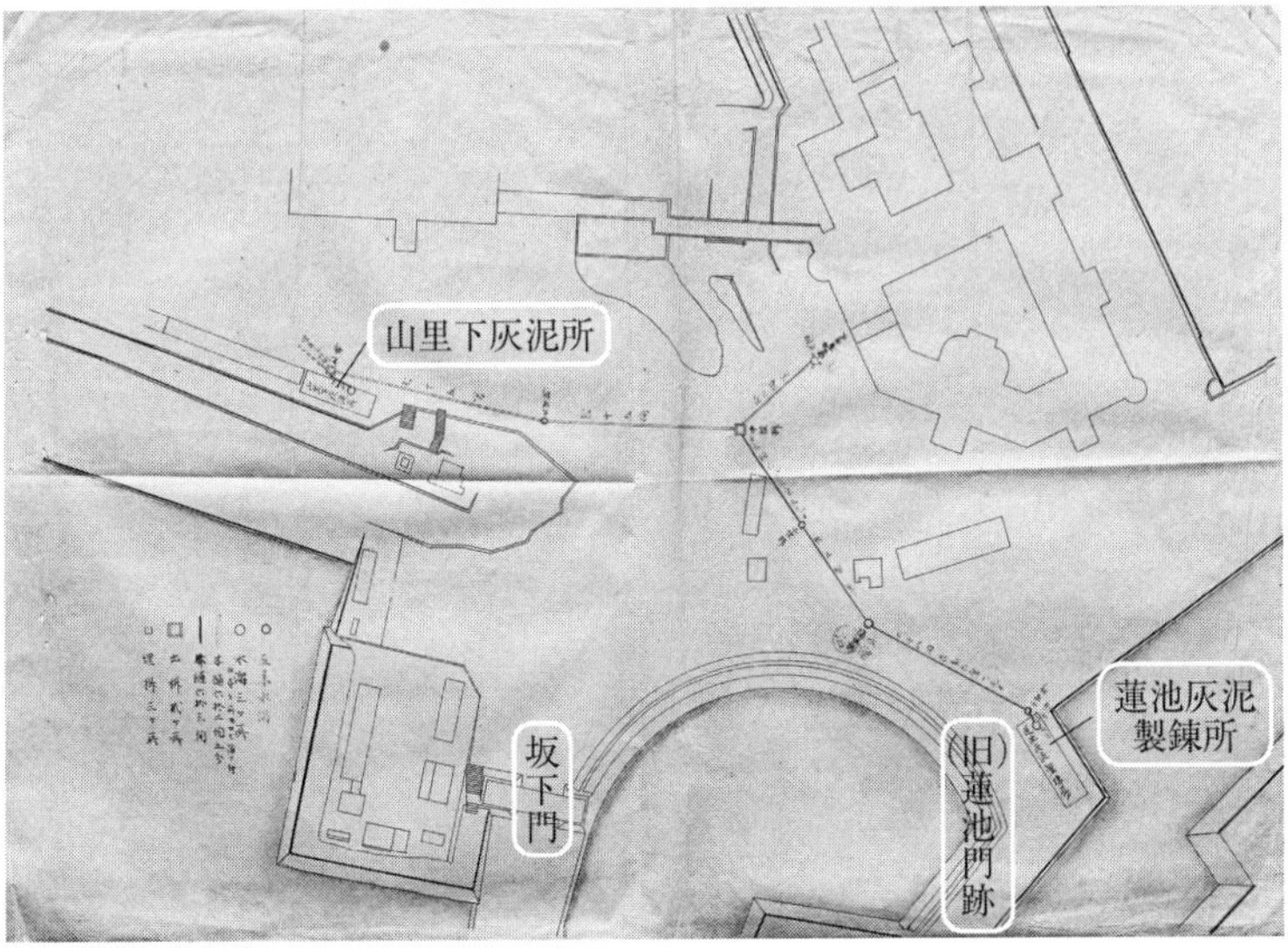

図 2—14　モルタル製造所に引かれた水道樋線

描かれている。前者は、「山里下」の名称が用いてあるが、江戸時代の西丸太鼓櫓の南側に位置する。「西丸（東）」の方がふさわしく思える。明治宮殿造営に伴う灰泥所は、史料でこれ以外に登場することはない。セメントでみると二万樽が使用されているのである。一樽が約一八一キロに相当することから膨大な量となる。このセメントを活用するには、大量の水を必要とし、そのために樋筋を延長して給水しているのである。近代建築・工法の特徴を示唆している。

4　上水道工事に伴う経費

先に、鉄管が輸入であることを指摘し、樋線新設費の概算について紹介したが、沈澄池・濾池開設などを含めた経費が気になる。八三三七一に以下の記述がある。

明治十八年度ヨリ同二十一年度ニ至ル皇居

御造営地内新設水道諸費仕訳書
元受高金七二、四三一円六二銭八厘
　総計金六九、八五六円六銭三厘
　　内訳
金三二、八二五円九一銭一厘　鉄管布設費
　内
金二八、二五二円三六銭三厘　材料
金三、八一四円九銭六厘　職工料
金七二九円七〇銭二厘　運搬費
金二九円七五銭　機械費
〆
金一五、五七一円六八銭八厘　沈澄池新設費
金一一、六六六円三銭　材料
金三、七九五円九五銭八厘　職工費
金一〇九円七〇銭　運搬費
〆
金一七、八九五円三銭五厘　濾池新設費
内

金一四、四四六円七七銭五厘　材料
金三、三二〇円七銭　職工料
金一二八円一九銭　運搬費
〆
金三、五六六円四二銭九厘　傭員給料
〆
合金六九、八五九円六銭三厘
差引
残金二、五七二円五六銭五厘

とある。鉄管敷設費と沈澄池・濾池開設の経費がほぼ同額となる。このほか、蓮池門内の水道新設費として四六三円八七銭三厘が加わることになる。

東京府の動向については、次章で記す。

四　電気の導入

ランプや瓦斯灯から電燈への移行は、生活のなかの「明かり」の歴史を考える上で画期的なことである。トーマス・エジソンが白熱電球を発明し、一八八二年九月四日、ニューヨークのパールストリートで火力発電による電灯事業が開始されたことは有名である。ニューヨーク・ヘラルド紙はその時の驚きとして「EDISON'S ILLUMINATORS.」の見出しで以下のコメントを載せている。
「その名も高い発明家の合図で、パール街にある中央発電所のスイッチが押されると同時に、一瞬にしてスブルース、ウォール、ナッソー、パールの各通りに囲まれた地域がパッと明るくなった。今までのガス灯のさえないまたたきと違う落ち着いた光線は室内を真昼のように明るくし、人々は、人工的な光がさしていることも気にならず長時間、腰を下ろして書き物をすることができたのである。一日の仕事を終え、帰宅するためフルトン街を歩いていた人々も、興奮した口調で電灯のすばらしさを称え、いつまでもやわらかな明かりに魅せられていた」(訳文は、電気の史料館『第七回企画展　電気は人なり—電気事業に生命を賭けた男たち—』図録より転載)。

我国の電気事業は、この翌年、明治十六年(一八八三)に矢島作郎らが設立した東京電燈(東京電力の前身)にはじまる。技術的指導を果たしたのは、工部大学校助教授・藤岡市助である。二人は、明治宮殿内で電気を使用するにあたり、大いに、貢献する。東京電燈は、明治二十年十一月、日本橋茅場町で日本最初の火力発電による一般供給をはじめる。エジソンが電気事業を開始して五年後のことである。同年末までに東京府内には、五カ所の発電所が建設される。明治宮殿では、麹町発電所からの供給となる。電気事業は、東京電燈の成功で国内の事業家によってまたたく間に広がる。明治三十年までに四一社が設立され、しのぎを削ることになる。

資料は、『皇居御造営誌八三　電気灯、電話線、避雷針設置事業』(識別番号八三三八三)、『皇居造営録(電気)一・二　明治一九〜二一年』(識別番号四四四四—一・二)を中心とする。電燈実験については、『皇居御造営誌　本紀六・七』(識別番号八三三〇八・八三三〇九)に詳述されている。

瓦斯燈か電燈か　新宮殿の造営がはじまると、宮殿内外の「明かり」を引設するにあたり、最初に瓦斯燈が計画される。大蔵省造幣局構内に瓦斯燈が既設されていることから、皇居御造営事務局では、造幣局長に対して明治十八年五月二十八日、瓦斯燈機械一式を据えつけた場合の経費や効用について問いあわせをする。同年六月二十九日、造幣局長よりランプ代を除く一式として二万五三七五円余りの回答がある。八三三八三には、さらに次の史料が載る。

又東京瓦斯局へ宮殿内及宮城接近ノ街路等へ瓦斯燈設置ノ費用予算ノ調査ヲ嘱託シタルニ金六萬五千貳百四拾圓ナル旨ヲ明答セリ然ルニ此際暖温機械敷設工業ニ従事スル独逸人ヌーベンチバグナル者横濱駐在日耳曼《ゲルマン》総領事エドジャベーヲ経テ電気燈ハ照明ニシテ安全ナル効用ヲ申告セリ……（以下略）

とある。技師のヌーベンチバグナルは、シーメンス電気会社に一〇年程従事し、電気については熟知していた。一方、瓦斯燈は、安政四年（一八五七）鹿児島市仙巌園の石灯籠にガス管が引かれ燈されたことが知られている。関東では明治五年、高島嘉右衛門と仏人プレグランによって横浜に瓦斯燈が設置されたのが最初といわれている。瓦斯燈は、室内では部屋の空気を汚し、悪臭を放つもので、しかも「明かり」が不安定であるという欠点をかかえていた。そのため、瓦斯燈から電燈への変更が高まるが、誰も経験したことがない電燈の敷設がすんなり決定したわけではない。

電気の点燈実験　最大の不安は、漏電による事故であった。そのため、点燈実験や点燈試験がくり返し行われたことが史料に登場する。八三三〇八の明治十九年七月二十一日の条には、

各宮殿へ設置構造ノ電気燈棟功力ヲ試験トシテ電燈会社へ命シ事務局内西庭中ノ小屋ニ「シリンドル」蒸気鑵ヲ据付夫ヨリ事務局上局及製図場ノ四隅机上ニ電気線ヲ数十ヶ所架設シ其成蹟稍好結果ヲ

現ス此日来集人ハ元老院議官宍戸璣皇居御造営事務局長杉孫七郎御用掛麻見義修侍従冨小路敬直同岡田善長同廣幡忠朝同増山正同宮内書記官齋藤桃太郎同田邉新七郎皇宮警察署次長小笠原武英博物館長心得山高信離工科大学教授辰野金吾農商務省權少技長工科大学助教授藤岡市助建築局事務官児玉小双皇居御造営事務局員判任以上並ニ電燈会社長矢嶋作郎等也

とある。関係者が勢揃いして点燈実験を行い、電燈という結論に達した瞬間でもあった。皇居御造営事務局長の杉孫七郎は、七月二十九日、榎本武揚逓信大臣にこの旨を報告し、了承を得ることになる。

これを受けて東京電燈会社に発注し、第一次約定書を締結するのが明治十九年十二月二十五日、竣工が明治二十一年十月三十日と記録されている。皇居及宮内省等電気設置箇所一六八二個（約七万四〇二〇円）、道路用およそ一千燭光の電気燈六四基（約六万一四六〇円）が設置されることになる。明細書には値引きがあり、経費は一三万四九〇円一一銭八厘とある。

先に点燈試験のことをあげたので、二つの記録を紹介する。

明治二十年十二月十六日の条

工業漸次整頓ニ依リ饗宴所廻リ電燈器点火ヲ試験ス宮内大臣以下勅奏任官等及ヒ傭独逸人モールコントル伊太利国人キヨツネ刺賀商会傭独逸人ハイゼー並創業以来御造営ニ関シ当今他ノ宮省ニ奉職ノ者ニ至ルマテ参観セシム……（以下略）

饗宴所は、竣工後、豊明殿と名称を変更する。表宮殿で最も広く間内だけで二七二帖、入側一〇八帖を加えると三八〇帖になる。天井は二重折上格天井で天井までの高さが約七・二メートル。図2—15は、『明治宮殿（四つ切り）その貳（写真帖）／大正十一年』（識別番号四六八五八）豊明殿内部（其四）の写

図2—15　シャンデリアが垂下する豊門殿（饗宴所）の間内

真である。天井からは豪華なシャンデリア四基が垂下するが、この間内で点燈試験をしたのである。もう一例みることにする。

明治二十年十二月十九日の条

吹上御苑へ　行幸御造営場へ　臨御宮内省昇降口ヨリ二階通リ大臣次官々房外椽ヨリ西廊下へ　通御夫ヨリ後席之間及ヒ婦人室小食堂饗宴所　ニ於テ電気燈及ヒ装飾品等　御覧夫ヨリ鉄橋架設所　御覧御学問所ニテ　御休憩此ニ於テ高等官へ謁見ヲ賜フ畢テ常御殿皇后宮常御殿　皇太后宮御休所宮御殿等　御覧在ラセラレタリ宮内大臣土方久元元総理大臣伊藤博文モ来場ス局長杉孫七郎三等出仕監事平岡通義御先導ヲ奏ス……（以下略）

明治天皇が造営途上の新宮殿を御視察した記事である。前述した点燈試験より三日後のことであり、煌煌と輝くシャンデリアを御覧になっている。

電燈線敷設工事　明治宮殿の正殿（竣工前は謁見所と呼称）で明治憲法発布式が執行されたのは、明治二十二年二月十一日のことであるが、その三日前、東京電燈技師長の藤岡市助より電灯線敷設方法に関する上申が八三三八三に記録されているので紹介する。

…宮殿内敷設工事ハ米国エジソン会社技師コングドン並ニ工学士児玉隼槌ノ直接監督ノ下ニ成リシモノニシテ注意至ラサル所ナキモノトス○陳使用ノ電線ハ米国「ボストン」府電線製造所クラーク会社ノ製造ニシテ矢島作郎藤岡市助彼地滞在中エジソン会社技師ステリンシヤヲ伴ヒ同府ニアル東方米国諸州ヲ管理セル一大火災保険会社技師カビテンボロリヒー氏ニ同伴ヲ乞ヒクラーク会社ニ赴キ試験ノ上ボロリヒー氏ノ勧言ニ仕シ採用シタルモノニナリ其保持年限ハ今日予定シ難シト雖トモ数十年ニシテ腐巧スルコトナキモノタルコトハ確信スル所……（以下略）

と記されている。矢島・藤岡がアメリカ滞在中に電気事業の一部始終を学び、なかでもクラーク会社製の電線を用いた経過をうかがうことができる史料である。

なお、前掲の史料には、宮殿内さらには道路の配線が詳述されているがここでは省略する。

五　主要な資材の需要と供給

明治宮殿造営は、国家的一大プロジェクトであることはもとより、東京府内の産業発展に大きな影響を及ぼしていることに異論はなかろう。各種資材や製品は、国内・海外を問わず水路によって物揚場である龍ノ口や木挽町等々に運ばれてきた。

明治宮殿が木造建築である以上、大量の木材が投入されていることは、疑いの余地がない。また、二重橋鉄橋の橋脚に二九万本余の煉化石が使用されていることを述べたが、表奥宮殿の各種建物の土台には、鉄骨を用いることがなく、煉化石を入念に組みあわせることで築いている。つまり、膨大な数量の煉化石を必要とする。さらに、煉化石の接合にはモルタルを使用し、ここでは大量のセメントを必要とする。『江戸城』で述べたが、セメントの量は二万樽にのぼる。

本項では、紙面に限りがあるため、主要な資材のうち、木材・石材・煉化石を取り上げ、史料から需給関係を明らかにすることを目的とする。

1　木　材

総括的な資料には、『皇居御造営誌九三・九四　木材事業一・二』（識別番号八三三九三・八三三九四）、『皇居御造営誌九七　木材挽立事業』（識別番号八三三九七）、個々の詳細な案件をまとめた資料には、『皇居造営録（木材）一〜一一　明治一四〜二二年』（識別番号四四二六—一〜一一）がある。両者を検討することで理解が可能となる。

挽立木材八万五〇〇〇本の樹木の内訳と特徴　明治宮殿造営にあたり、木材で最も関心が高いのは、木材の本数と種類・値段であろうか。史料には、木材の種類ごとの挽立原木数・尺〆本数・挽立使用材数の三つの用語が登場する。挽立原木数は、丸太から挽立てた木材の数量（一般的にいう樹木の本数）。尺〆本数は、一尺角で長さ一二尺のものを尺〆といい、これで換算した数量。挽上使用材数は、尺〆本数を製材の工程で挽落・木切・挽減等々を除いた尺〆本数。すなわち、挽上使用材が実際に用いられる角材の数量であり、値段となる。最も需要の高い「檜」を例にあげると、

檜材之部

（前略）

合計本数四九、八〇〇本　挽材原木

此尺〆七七、七八八本八分九厘七毛

価格（円）	備　考
654,499円30銭5厘	6 等級に分かれる。 土木寮譲受材（1,381 本）有
96,219円 5銭3厘	3 等級に分かれる。 土木寮譲受材（54 本）と献納材（53 本）含
64,189円63銭4厘	献納材 11 本含
35,764円 5銭1厘	
4,743円89銭4厘	宮殿御造営掛引継材（8 本）を含
459円85銭2厘	挽上尺〆 1 本当り 48 円 71 銭 3 厘余
723円71銭7厘	挽上尺〆 1 本当り 2 円 92 銭 5 厘余
8,521円99銭8厘	挽上尺〆 1 本当り 14 円 10 銭 5 厘余
244円40銭	挽上尺〆 1 本当り 3 円 79 銭 3 厘余
727円17銭3厘	挽上尺〆 1 本当り 253 円 37 銭余
794円21銭1厘	挽上尺〆 1 本当り 60 円 30 銭 9 厘余
1,281円10銭	挽上尺〆 1 本当り 87 円 1 銭 3 厘余
254円34銭8厘	挽上尺〆 1 本当り 108 円 4 銭 9 厘余
107円41銭4厘	土木寮譲受（1 本）を含
14円93銭4厘	挽上尺〆 1 本当り 27 円 60 銭 4 厘余
12円10銭9厘	挽上尺〆 1 本当り 2 円 14 銭 9 厘余
113円40銭	挽上尺〆 1 本当り 1 円 68 銭余
14,088円 7銭	仕上尺〆 1 本当り 13 円 87 銭弱
882,758円66銭3厘	

此代金六五四、四九九円三〇
銭五厘

内

尺〆三一、二四〇本五分五
厘五毛　挽落シ木切レ挽減
リ等

此譯

尺〆一七、一六七本六分
八厘四毛　挽落シ

尺〆九、七六二本三分七
厘九毛　背板

尺〆一、五八九本三分二

表2―8　皇居造営で使用された樹木の種類と挽上本数

原木・使用材数・他 / 樹木	原木・使用材数（本）		
	挽上原木数	尺〆本数	挽上資使材数
檜	49,800	77,788本8分9厘7毛	46,548本3分4厘2毛
槻	1,201	4,874本　6厘4毛	3,184本7分8厘5毛
松	15,491	22,629本1分5厘	15,344本1分5厘9毛
杉	11,003	11,652本7分9厘	6,970本9分6厘
杉板子	444	103本3分9厘3毛	99本3分3厘2毛
神代杉	46	13本5分3厘4毛	9本4分4厘
樅	310	370本　6厘	247本4分1厘
槙	1,214	1,537本　4厘	604本1分　8毛
樫	67	23本	17本7分1厘9毛
桐	18	4本　7厘2毛	2本8分7厘
花閭	1,070	15本2分2厘3毛	13本1分6厘9毛
黒檀	1,859	16本6分9厘	14本7分2厘3毛
黒柿	504	2本4分6厘4毛	2本3分5厘4毛
桑	180	2本　9厘9毛	1本3分9厘8毛
ビンカ	221	7分8厘6毛	5分4厘
銀杏	2	9本3分3厘	5本6分3厘4毛
樅	50	72本5分	67本5分
樅屋根仮	☆　1658	2,791本5分1厘	☆　1,953本9分5厘
合計	85,138	121,900本6分2厘	◎75,088本3分9厘3毛

厘四毛　鼻切
尺〆二、七二一本六厘四
毛　挽減リ
差引
尺〆四六、五四八本三分四
厘二毛　挽上ケ資用材
此代金六四五、四九九円
三〇銭五厘
（以下略）

とある。史料には、一四樹種と三種類の板材が記されており、それを集成したのが表2―8である。挽立原木八万五一三八本、尺〆本数一二万一九〇六本六分二厘、挽上使用材七万五〇八八本三分九厘三毛とある。挽立原木でおよそ八万五〇〇〇本、挽上使用材が尺〆でおよそ七万五〇〇〇本程と膨大な数字なのである。挽上使用材の価格は、八八万円程にのぼる。この木材費用は、手間賃を除くもので、皇居造営に伴う総工費が四五三万三二六七円一一銭であることから、全体のおよそ一九・五%（約二割）を占めている。

表2―9　通り挽木材に至るまでの手間賃

木挽関係職		事　項	金　額	備　考
通り挽	手木挽	614,218通6歩2厘	37,941円26銭6厘	総計を挽歩。 1通平均6銭1厘強
	機械挽	519,785通　3厘	8,624円80銭4厘	1通平均1銭6厘強
挽立諸職工	大代	切歩　154,468切　1厘	1,697円73銭9厘	1切=木口切1尺平方積
	輪掛	尺〆　85,245本　4厘	5,560円16銭3厘	尺〆=幅1尺方、 長13尺1本当り
	切判彫刻	木数　36,333本	156円24銭3厘	原木符号の彫刻
	挽材片付	尺〆　33,786本4分2厘	1,355円 4銭1厘	
	木取方大工職	人数　38,153人5分8厘	17,305円72銭9厘	
	木取方鳶職	人数　112,503人6分6厘	33,299円23銭8厘	
	木取方建具職	人数　1,638人2分3厘	789円41銭1厘	
	板枌職	人数　5,484人8分3厘4毛	2,855円99銭1厘	
	杣職	人数　7,087人2分8厘5毛	2,146円54銭1厘	
	川並人足	人数　13,092人6分2厘	3,927円78銭6厘	
	運搬費	－	15,990円21銭8厘	
合計		－	131,650円17銭	

表2―8をもう少し丁寧にみることにする。一般的な木造建築では、杉が主体となるが、皇居造営では、檜が圧倒的に多い。挽上原木では四万九八〇〇本と全体の実に五八・五%、挽上使用材でも六二・〇%と過半数を優に超えている。価格で対比しても高級感は一目瞭然である。使用木材では、檜・杉・松の三樹木が大半を占めている。松材が多いのは意外かもしれない。『江戸城』のなかで述べたが、大手石橋や二重橋鉄橋の橋台基礎の杭打や濠の締切堰、さらには大手石橋等々の巻枠には松材が用いられている。表では一万五〇〇〇本程の尺〆挽上使用材が記されている。全てが建物の柱材というのではなく、これら土台や足場等々などにかなり使用されているのである。比較的、少ない樹木について補足する。筆者は、明治宮殿の室内装飾について別の書籍としてまとめる用意があるが、表宮殿の主要な間内と廊下は寄木張で築かれている。寄木材は、槻と檜が大半を占

め、謁見所・饗宴所・後席之間・内謁見所（竣工後は正殿・豊明殿・千種之間・鳳凰之間と名称を変更）等々では、これに青黒壇・花櫚《かりん》・ビンカを加えることで色彩の変化、さらに文様を変えることで格式を示している。すなわち、黒檀・花櫚・ビンカの三種類の木材は、尺〆挽上使用材の本数が少ないが、その用途が床の部材なのである。

挽立木材の手間賃　木材の本数と価格については表2―9に記されているが、これには手間賃や運搬費は含まれていない。使用木材には、森林から伐採するものと工部省営繕局や農商務省山林局などの貯蓄所からの二者がある。両者のことは後述するが、最も重要となるのは、今日の江東区深川に所在した営繕局の猿江貯蓄所である。ここは、かつて幕府の材木蔵があり、新政府に引き継がれ工部省の管轄となる。『皇居御造営誌一〇三　猿江出張所、各地物揚場授受顛末』（識別番号八三四〇三）を参照すると、水門を入り、中心となる人工堀に面して長さ七七間、幅二九間半から三五間の矢刎堀・瓦堀・松堀の三本と反対側には最大一六七間、幅二四間から四七間の本新堀・大堀・新規堀浅堀の三本の堀をめぐらし、その間には木枯小屋と倉庫、さらには詰所・鋸器械場・吹子場などを設置している。明治十九年十二月、宮内省内匠寮へ所轄が移行するが、木材の多くが猿江貯蓄所で集積し、龍ノ口物揚場に運搬されていくのである。

さて、木材の手間賃を記したのが表2―9である。通リ挽の項にある手木挽と機械挽の「通」とは、表2―8の尺〆本数の総計を挽歩に割りあてたもので、手木挽一ト通リは尺〆一本あたりの手間賃となる。一通リ平均六銭一厘強とあるが、実際には木種や地価によって異なる。平均すると、尺〆一本あたり、檜が七銭、槻が一三銭七厘、松が九銭七厘、杉が六銭、樫が一八銭四厘などと堅いほど手間賃が高くなる。機械挽は、手木挽と比較すると手間賃が三分ノ一以下となる。通リ挽を全体でみると手木挽が半数以上を占め、ここにも皇居造営のこだわりを垣間見ることができる。

参考までに、挽立諸職工についても記した。これらを合計すると、尺〆挽上使用材となるまでの手間賃は、一三万二〇〇〇円弱となる。木材の価格を加えると一〇〇万円を超えることになる。

猿江貯蓄所から龍ノ口物揚場・工作場等への運搬方法の違いによる運賃差　本章第一節において、資材の輸送について龍ノ口物揚場から資材置場・工作場に至る方法として、鉄路と地車の二者があることを述べた。

木材の場合、猿江貯蓄所を出発点として工作場に運搬されることを基本とする。その場合、陸路と水路の二者がある。表2―10は、挽材・板類の陸路の値段である。三路を示してあるが、二路は、龍ノ口物揚場から工作場まで鉄路と地車によるもので、いずれも鉄路輸送の方が安い。とはいえ、車輌の関係で地車も使わざるを得ないのである。一路は、猿江貯蓄所から地車で運送したもので、矩離が長くなる分、二・五～四倍程、運賃がかさむことになる。

表2―10　陸送費の運賃

板挽

運送区別	檜・杉・樅ノ類尺〆一本ニ付			松・栂・赤松ノ類　尺〆一本ニ付		
	壱尺角未満厚四分長一丈五尺迠	壱尺角未満長二丈四尺迠	壱尺角未満長三丈五尺五寸迠	壱尺角未満長一丈五尺迠	壱尺角未満長二丈四尺迠	壱尺角未満長三丈五尺五寸迠
龍ノ口ヨリレール貸渡ニテ賃金	二銭五厘	三銭〇厘	四銭〇厘	三銭七厘	四銭〇厘	四銭五厘
同所ヨリ通常運送車ニテ賃金	二銭九厘	三銭四厘	四銭五厘	四銭二厘	四銭二厘	五銭〇厘
猿江出張所ヨリ陸送車ニテ賃金	一七銭二厘	一八銭二厘	一九銭〇厘	一七銭八厘	一九銭〇厘	一九銭五厘

槻・栗ノ類　尺〆一本ニ付

運送区別	壱尺角未満 長一丈五尺迠	壱尺角未満 長二丈四尺迠	壱尺角未満 長三丈五尺五寸迠
龍ノ口ヨリレール貸渡ニテ賃金	四銭五厘	四銭八厘	五銭〇厘
同所ヨリ通常運送車ニテ賃金	四銭九厘	五銭四厘	五銭九厘
猿江出張所ヨリ陸送車ニテ賃金	二〇銭五厘	二一銭〇厘	二二銭五厘

壱尺角以上並養生包ノ分ハ一割増

類板

樅・杉・檜ノ類　百枚ニ付

運送区別	長一間巾一尺 厚四分	同 厚五分	同 厚六分	同 厚八分	同 厚一寸	厚一寸以上ハ板子ト見倣シ
龍ノ口ヨリレール貸渡ニテ賃金	四銭五厘	五銭〇厘	五銭三厘	六銭五厘	七銭五厘	二銭三厘
同所ヨリ通常運送車ニテ賃金	四銭九厘	五銭三厘	五銭八厘	六銭五厘	七銭八厘	二銭九厘
猿江出張所ヨリ陸送車ニテ賃金	一二銭五厘	一三銭八厘	一七銭〇厘	二〇銭〇厘	二〇銭〇厘	一六銭〇厘

巾一尺五寸以上ハ一割増　但シ〆一本

槻類ハ二割五分増

同木類尺〆一本ニ付

運送区別	長一間巾一尺 厚四分	同 厚五分	同 厚六分	同 厚八分	同 厚一寸
龍ノ口ヨリレール貸渡ニテ賃金	二銭〇厘	二銭〇厘	二銭〇厘	二銭〇厘	二銭〇厘
同所ヨリ通常運送車ニテ賃金	三銭〇厘	三銭〇厘	三銭〇厘	三銭〇厘	三銭〇厘
猿江出張所ヨリ陸送車ニテ賃金	八銭五厘	八銭五厘	八銭五厘	九銭五厘	九銭五厘

巾一尺五寸以上ハ一割増

槻類ハ二割増

猿江貯蓄所から工作場まで運搬するにあたり、龍ノ口物揚場までの水路の運賃が示されていないので補足する。理解しやすいために、檜挽材の壱尺角未満で長一丈五尺までの一本の船賃をみると八銭とある。龍ノ口から鉄路を使うと猿江からの運賃は一〇銭五厘、地車では一〇銭九厘となり、陸路だけの一七銭二厘と比較するとかなり割安である。挽材・板類の運賃は、容量によって異なるが、いずれも水路を用いた場合の方が安い。

すなわち、猿江貯蓄所から工作場に木材を運搬するには、水路で龍ノ口物揚場に運び、そこから鉄路を用いる運搬方法が最も効果的となるのである。

木材の調達と原木の伐採　皇居造営に伴う木材の調達は、東京府下の工部省猿江貯蓄所をはじめとする各省の貯木所のほかに、農商務省山林局が管轄する三重県桑名と愛知県白鳥貯木所から提供を受けるものと官林の伐採によるものとがある。

伐木事業は、明治十四年にはじまり同十七年に終わるが、伐木地は、旧所在地の長野県木曽大瀧村瀬戸川並駒ヶ根村小川入姫宮と神奈川県津久井郡小倉山並足柄上郡上町に求めている。

長野県木曽地方は、良質な檜の産地として有名で、二カ所の伐木地では、檜を中心に椹・槇を伐採している。駒ヶ根村小川入姫宮では木数三万三〇一三本、丸太尺〆四万本五分五厘五毛。大瀧村瀬戸では木数二万五三三二本、丸太尺〆三万本六分二厘となり、両者で丸太尺〆七万本余を提供していることになる。木種調を参照すると、両地区の檜・槇・椹の丸太は、長さが二間半以下、末径が一尺五寸から六寸の小振りのものが最も多く、前者で二万八七六四本、後者で二万二九一八本の合計五万一六八二本と全体のおよそ八八・六%を占めている。官有林とはいえ、長さが五〜六間、末径が一尺六寸から一尺四寸という大木は少ないのである。経費は、前者で二万八三七〇円三銭七厘、後者で二万二七二一円二七銭七厘の合計五万一〇九一円三一銭四厘と記されている。

神奈川県下の二カ所は、松材の伐採地である。二カ所で一万七八七〇本、尺〆本数では一万八九〇一本七分二厘となる。二カ所の内訳を尺〆本数でみると小倉山が一万七三三六本二厘、上町が一五六五本七分とあり、総経費が六万三五五五円二六銭四厘と記されている。尺〆一本あたり三円三六銭二厘余となる。経費でみると、本数が少ないのに松材伐採の経費が高いのは意外かもしれない。松丸太の大きさをみると、長さが四丈四尺から一丈、末口径が一尺二寸から四寸までと大きさが一様ではない。幹が太く長い材がかなり含まれていることに起因すると考えられる。

長野・神奈川県両県下の伐採木の本数をみると、猿江貯蓄所に運搬されても、全てが明治宮殿造営用に使用されているわけではないのである。

木材の入手として、農商務省山林局が所轄する三重県桑名と愛知県白鳥の貯木所からの譲渡もきわめて重要である。両貯木所からは、檜を中心として、槻・槇を約二・五万本余を得ることになる。先の二県四カ所の官有林の場合、伐採・運搬に加えて枯らす必要がある。使用するまで時間を要するのである。それに対して貯木所の木材は、直に挽き立てることが可能となる。表2―11に、桑名白鳥両貯木所から譲渡された木材の集成一覧を示した。

このなかで、槻丸太を枌材仕拵材としたものは、宮殿の屋根遣葺板と特定の用途となるもので注目される。約定書から、関連する部分を抜粋する。

概算

表2―11　桑名・白鳥貯木場から譲渡された木材

事由	木種	本数	尺〆本数（本）	代価（円）	尺〆一本あたり代価（円.銭.厘）
東京回漕分	檜丸太	一八、七二〇	一七、八五九.九六	三九、二三九.三〇四	二.一九.七　強
東京で選抜分	同五尺以上	二九三	七八二.六四	二、九〇八.〇九三	三.七一.六　弱
枌板仕拵材	槻丸太	二、〇〇七	三、三〇七.七七	五、一七二.七五〇	一.五六.四　弱
東京回漕予定分	槇丸太	九二六	一、〇四九.九六	三、三四五.八四四	三.一八.七　弱
右同	槻丸太	五二〇	六五〇.〇七	八四二.〇七四	一.二九.五　強
合計		二二、四六六	二三、六五〇.〇四	五一、五〇八.〇六五	二.一七.八　弱

一金三、二五〇円二〇銭一厘
　外金五、一七二円七五銭
　　　元木代価山林局へ可送附分
（中略）
　　槻枌板価格
金八、四三四円九五銭九厘
但槻枌板四三、〇〇一把一分四厘ノ代価一把ニ付金一九銭六厘一毛五糸六六三ニ当ル
　　内訳
金五一七二円七五銭八厘
但槻材木数二、〇〇七本尺〆三、三〇七本七分七厘代価尺〆一本ニ付金一円五六銭三厘五毛余

金四九円六一銭七厘
但同上水揚賃料尺〆一本ニ付金一銭三厘
金二、一五〇円五銭七厘
但同上槻材尺〆一本ニ付枌板一三把取割合ヲ以テ板数四三、〇〇一把一分四厘ニ係ル枌手間賃料一把
ニ付金五銭
金一五〇円五〇銭四厘
但同上枌板四把併テ荷造賃一把ニ付金三厘五毛
金八六〇円二銭三厘
但同上板数桑名白鳥ヨリ東京迠回漕賃一把ニ付金二銭
金五二円
但枌板製作中職工小屋ニ棟及建増共損料

とある。宮殿造営にあたり、猿江貯蓄所で保管されている樹木の本数、各省で保管する東京府下の貯木所などについて触れてはいないが、右の史料のように供給しているのである。

ところで、木材を官有林に求めているのには理由がある。できれば木材費を無料にと考えてのことである。『皇居御造営誌九三　木材事業』に史料が載るので、その部分を抜粋する。

明治十四年四月十八日皇居御造営用材御引渡ノ義ニ付工部農商務両卿ヨリ太政大臣へ伺
皇居御造営用材ノ義其都度御買上相成候テハ適当ノ木品無之且目下非常ノ騰貴ニテ大ニ御用度ニモ差響候ニ付皇居御建築ニ限リ官林内ニテ伐採無代価ニテ御引渡相成候ハヽ御便利ノ筋ト存候尤右採採費

値段（石代・斫出・回漕・他）		使用目的	備　考
小　計	1切当		
無償 無償 62円29銭1厘	無 無	石垣・他	間知石500本、岩岐石200本、玄蕃石100枚の切数除く 幕府より内匠寮が受け継いだ貯石
42,338円 1銭5厘	2厘	賢所・宮殿・大手石橋・他	3期の斫出、2期の35,000切余は小豆島産より変更
25,779円16銭5厘		宮殿、賢所、宮内省調理所・大手石橋・他	玄蕃石1,898間分、小松石1,322尺1寸分 鉄橋人道用1,266枚を含
2,922円21銭9厘		木製建築使用	
7,158円45銭9厘	1銭5厘	宮内省建築・他	
2,616円92銭8厘	5毛	宮殿・賢所の埋設下水用	
80,877円 7銭7厘	－	－	－

用ノ儀ハ農商務省ヨリ通知次第御造営費ヨリ支出致筈ニ有之候右ハ根伐手配期節モ有之差掛居候ニ付至急御裁可相成候様致此段相伺候也

追テ本文ノ趣ハ将来伐木ノ分ニ限リ候義ニテ已ニ去十二年ヨリ木曽地方ニテ御造営用材ノ為伐採致候分ハ最前契約ノ通代価授受ノ筈ニ有之候此段申上置候也

〈朱書ニテ〉

伺之趣ハ従前ノ通用材ニモ相当ノ代価ヲ付シ御造営費ヨリ支出候儀ト心得可シ　明治十五年五月廿日

（傍点は筆者）

とある。官材伐木無代価の申請は、却下されたのである。

2 石材

総括的な資料には、『皇居御造営誌九五・九六石材所出事業一・二』（識別番号八三三九五・八

表2―12　宮城造営に使用した石材一覧

数量・値段・他 ＼ 産出地	石数	
	本数（本）	切数
江戸城旧本丸残石	7,478	64,232切1分3厘
猿江貯石場提供	15,146	30,026切1分2厘
内匠寮より購入	51	214切3分3厘
(官)　犬島産花崗石	27,183	103,006切7分1厘
(官)　犬島産花崗石	23,934 +(1,266枚+玄蕃石)	68,052切6分8厘 +玄蕃石・他
(民)　西伊豆江ノ浦石	2,825	8,225切1分6厘
(民)　伊豆澤田石	7,805	23,738切4分6厘
(官)　上総元名目石	8,020	24,119切1分5厘
合計	92,442本+(α)	321,614切7分4厘+α

※　(官)は官有林、(民)は　民有林のものを指す

三三九六）、個々の詳細な案件をまとめた資料には、『皇居造営録（石材）一・二　明治一五～二〇年』（識別番号四四三一―一・二）、『皇居造営録（犬島石材）一～四　明治一五～二〇年』（識別番号四四三二―一～四）、『皇居造営録（相模研出石）一～三　明治一五～二一年』（識別番号四四三三―一～三）、『皇居造営録（上総伊豆駿河研出石）　明治一五～二〇年』（識別番号四四三四）、『皇居造営録（讃岐研出石）　明治一七～一九年』（識別番号四四三五）があり、この他、砂砂利に関するものがある。ここでは、砂砂利を除き述べることにする。

九万二〇〇〇本余の調達方法と産地　石材は、宮殿・賢所の各種建物の礎石、宮内省の建築材、大手石橋、石垣の新築と補修、随道・下水など用途が多岐にわたり、相当数の本数を要し、かつ使用目的から複数の石材を用意しなければならない。表2―12に集成したが、総数およそ九万二〇

○○本余の石材を用いた。調達については、三つの方法をとる。①旧幕府から受け継いだ両国猿江貯石場にあるもの。②旧江戸城本丸の残石。③購入によるもの。このうち、①と②の石代は、運搬費を除き無料である。合計二万三〇〇〇本程になり、全体のおよそ四分ノ一を占める。③は、石材の種類として花崗岩・安山岩・凝灰岩の三種類に大別する事ができ、産地として犬島・小豆島・相模伊豆（真鶴・江ノ浦・河津）・上総元名目が史料に載る。購入には官有林と民有林のものとの二者がある。前者は、石代が無料ではないが単価を低くおさえることで石材費用の低減化をはかっている。ちなみに官有林に該当するのは、犬島産花崗石と上総元名目石（通称、房州石）の二カ所である。両者で三万五〇〇〇本を調達している。

三期にわたる犬島花崗石　犬島は、かつて幕府の天領で、明治になり岡山県の所管となる。先に、大手石橋の項で述べたが、岡山県林務事務所との折衝で石の値段を一律、一切につき二厘と決める。石の斫出は、三期にわたる。Ⅰ期は、賢所使用として明治十六年五月から十一月に斫出《しゃくしゅつ》されたもの。一万八八九本、切石数でみると二万九〇三二切二分九厘となる。Ⅱ期は、大阪石商の安井改蔵が小豆島福田村での請負が解約で犬島に変更したもので、一万一九七二本、三万五一一九切一分五厘があたる。Ⅲ期は、大手石橋使用のもので、四三二二本、三万八八五五切二分七厘が斫出されている。三期合計で、二万七一八三本、一〇万三〇〇六切七分一厘になる。皇居造営で最も数多く斫出された石材である。瀬戸内海で産出する花崗石は、堅緻で薄ピンク色を呈し、高級石材であることは周知の通りであるが、官有林のため多用したものである。

一つ補足すると小豆島は、古くから花崗石の産地として知られている。史料に載る福田村をはじめ、産地は全て民有林である。史料をみると、安井改蔵は同村で切分五万一一九八切五分八厘の讃岐石を請負った。そのうち、最初に一五一一本、切分で七二九一切二分九厘を斫出する予定であった。四四三五には、明治十七年八月三十一日に前述のうち約四一〇〇余切を船積出帆、約千切余が暴風激浪のため流失と記されている。八五三九五には解約の記事はあるが、納済の記述はない。安井の失敗は、採石の石工が十分に集まらなかったこともあるが、石代そのものが犬島産よりは高く設定してあるが山主に払う石代が安価であったことが要因の一つといえる。

相模安山岩の用途

小田原以西、伊豆半島北半の安山岩は、古くは中世の墓石、その後、江戸城築城石として使用されている。今日でも産地名を冠し、高級石材の一つとして知られている。かつては天領であったが、新政権になると民有となる。史料には、相州小松原斫出事業として、「岩村濱出」の港名が載る。「岩村」は、舞鶴町内の東側に位置し、従来より産地・積出港として知られている。史料には登場しないが、舞鶴港も含まれているものと考えられる。用途は、大手石橋のほかに宮殿の礎石、（西丸）玄関前門隅石などに用いられている。後者は、二重橋鉄橋を渡り左右の隅石一四個（長七尺、大きさ三尺五寸四方）を指し、この石材使用だけで二一七五円三〇銭を要している。史料をみると、二点注目される。一点は、石材名の新小松原石・本小松原石である。傍点は筆者であるが、今日では「原」の文字を除いて呼称されている。本小松石の方が高価で割高となる。史料では、大手石橋のみ本小松石が使用されている。前述の隅石は、色揃いの最上の新小松石であるが、本小松石よりも割安である。一点は、民有林の方が石代が高いと述べたが、裏づけとなる資料がある。筆者は、『江戸城』のなかで、大手石橋に使用した石材で犬島産花崗石と相模本小松石を比較したことがある。改変して引用する（表2―13）。

表2—13　犬島産花崗石と相模本小松石

相模本小松石			犬島産花崗石		
明細書記号	一本値り切数	一本当りの代価	明細書記号	一本当り切数	一本当りの代価
いノ一	一〇切二分四厘	石払・引出　三円一〇銭二厘 回漕費　一円三五銭二厘 （合計　四円四五銭四厘）	一ノ三	一〇切三分四厘二毛	原石・斫出　一円　三厘 回漕費　二円九九銭九厘 （合計　四円　二厘）
ろノ一	一三切二分	石払・引出　四円六六銭 回漕費　一円七六銭二厘 （合計　六円四二銭二厘）	二ノ二十四	一三切二分三厘	原石・斫出　一円四八銭二厘 回漕費　四円四八銭五厘 （合計　五円九一銭六厘）

龍ノ口物揚場着では、一個あたりの値段に極端な差がない。資料の石払・原石が石代に、引き出し・斫出が採石から積出地までの手間賃となる。運搬距離にもよるが、大きな差はないものと考えられる。相模本小松石と犬島花崗石を現地での石代、採石・運搬賃で比較するとおよそ三倍の差がある。犬島産一ノ三の原石代は、二厘×一〇・三四二切で二〇銭七厘となる。つまり斫出費は七九銭三厘といえる。相模本小松石の場合、石代が明記されていない。採石・運搬賃にあたる引き出しが仮に犬島の二倍にあたるとすると、石代が一円五一銭六厘になり一切に換算すると、一四銭八厘に相当する。数字は仮説であるが、石の値段でみると官有林と民有林とでは大きな差が生じているのである。

官林元名目石と下水　千葉県鋸富津市と鋸南町にまたがる通称、鋸山山麓は、房州石（凝灰岩質砂岩）の産地として知られている。性質のわずかな違いから、産地名をとって天神山・金谷・元名石の三種に分けている。元名石は、それらのなかで最も目が細かいという。使用目的は、下水用として斫出されたものである。所管の千葉県との協議によって一切の値段を五毛とする。八〇二〇本、切分で二万四一一九切一分五厘を斫出する。山代、斫出から龍ノ口迄の回漕一式を岩野伝右衛門が請け負うことになる。石代は、わずか一二円程である。皇居御造営事務局と請負人の岩野と値段交渉がはじまる。当初、一切あたり（石の値段を含む）一五銭三厘→一二銭五厘→一〇銭八厘へと値下げする。その結果、八〇二〇本の石代が回漕費を含め二六〇〇円程で調達しているのである。

宮内省建設使用の澤田石　伊豆半島の東海岸、現・加茂郡河津町の澤田山に産出する澤田石は、別称、青石とも呼ばれ、淡緑色を呈する凝灰岩である。八三三九五には、澤田山産青石はブランド力で高騰していることから、連接する石丁場に資材を求め、山主で石商の加藤利右衛門が一式を請け負ったことが記されている。民有林にあること、前述した元名目石とは、岩質が異なることから下水用と建築用という用途の違いがあるが、ほぼ同じ切分に対しておよそ四五〇〇円、約二・七倍の差となる。一切あたりの原石代はさらに大きく、元名目石五毛に対して澤田石一銭五厘と実に三〇倍となる。

明治宮殿造営にあたり、石材は、点数の多さもさることながら、使用目的に応じた産地の選定、調達にあたり官有林の石材を多用することで経費の削減を進めていることが顕著なのである。

3　煉化石

総括的資料として『皇居御造営誌一〇〇　煉化石購買事業』（識別番号八三四〇〇）、個々の詳細な案件をまとめた資料として『皇居造営録（煉瓦）一～九　明治一五～二一年』（識別番号四四四二一―一～九）がある。

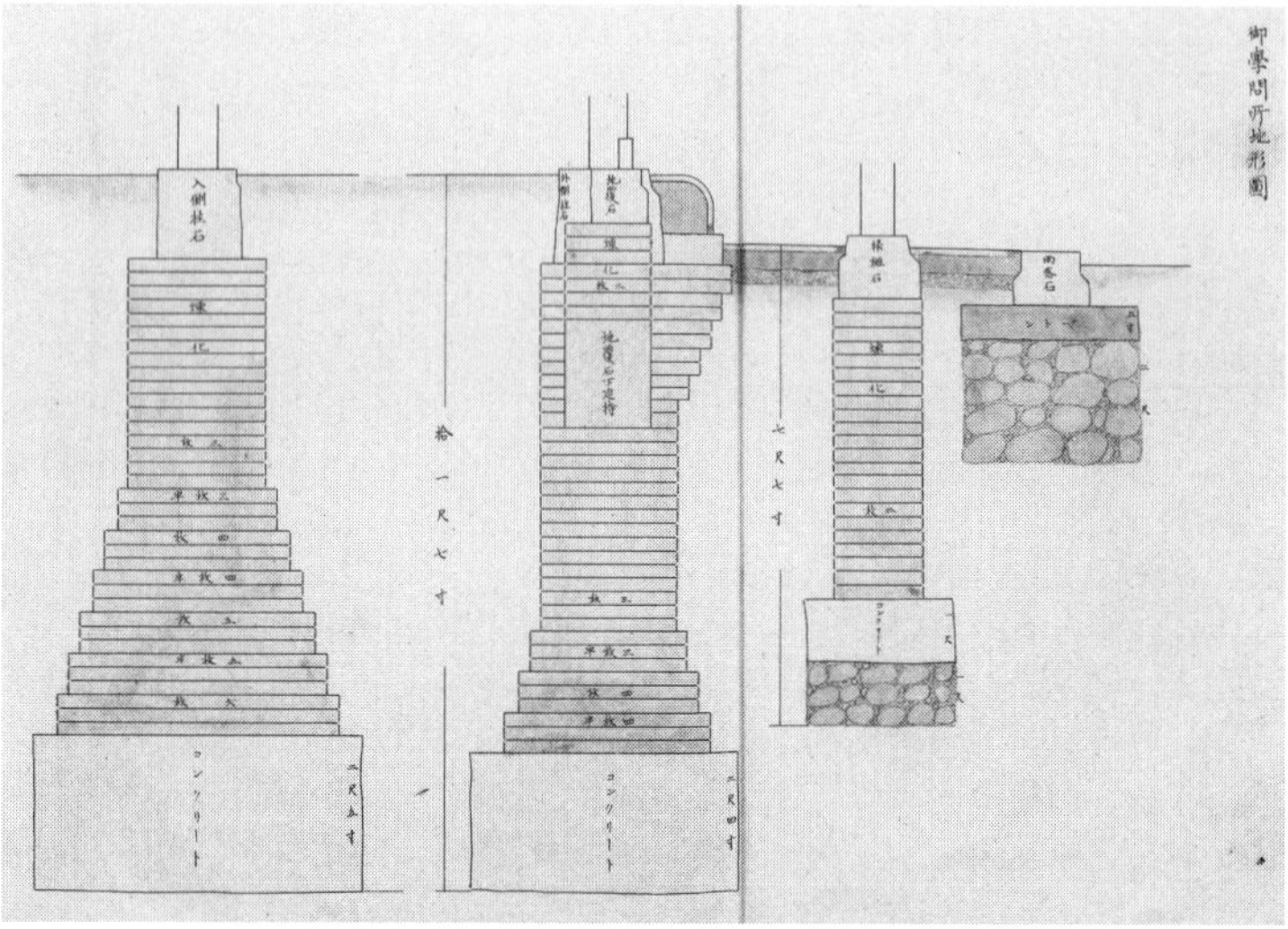

図2—16　御学問所地盤下の柱石を支える煉化石

煉化石は、近代建築の象徴的な資材の一つである。今日の煉瓦とは、素材の性質や用途がやや異なる。銀座煉瓦街や浅草凌雲閣をはじめとする建築用材はよく知られているが、地盤基礎としても用いられる。皇居造営では、およそ一一〇〇万本を使用する。

煉化石の品質試験　資料には、煉化石の種類として焼過・上々・上・中等々が登場する。このうち焼過煉化石は、客殿各間の礎石を支えるもので、現代の地中の鉄骨鉄筋に代わるものとして使用される（図2—16）。したがって強度が要求される。

宮殿の位置や建築様式が決定する前の明治十五年八月九日、皇居造営事務局は、東洋組の音羽清逸、金町村の細谷芳松ら一三名の製造した煉化石を用いて強度試験を実施した。場所は、横浜燈台局構内においてのことである。試験結果は、八三四〇〇に一覧表で示しているが、全て不合格であった。そこで、皇居造営事務局は、担当者に素材となる荒木田土と埴土の混和度合、混入材、焼温度と焼時間等々の技術を伝授することになる。

東京集治監と煉化石の供給　先に犬島産花崗石の斫出が三期（三段階）あることを指摘したが、煉化石の供給もこれに類似する。煉化掛尾崎榮一郎は、製造業者の試験不合格を受けて、明治十五年九月二十一日に東京集治監（現、小菅刑務所）へ煉化石供給の打診を行う。東京集治監では、アイルランド人のウォートルスが製作したホフマン式輪窯で良質な煉化石の製造を行っていた。同所では、明治十七年五月から一手に煉化石製造を請け負う予定であった。その数は、一〇六二万二三〇八本と記してある。しかし、数量の多さと単価が低いこと等々から、同年五月二十三日から明治二十年七月二十九日の受注一八回にわたり、表2―14にあるように六三〇万本程を製造する。中心は初期で、明治十八年八月までの七回で約四七〇万本を受注する。東京集治監は、明治三十八年に小菅煉瓦匿名組合へと代わる。皇居造営では、中頃からは東洋組、その後、細谷惣助をはじめとする東京近郊の業者が参入する。この変化は、生産体制の問題ではなく、煉化石需要の高まりと市場の拡大、それに応じた単価の上昇（入札で低価）が関係するものと考えられる。

東洋組の請け負いと限界　明治十七年九月、愛知県庁の推薦を受け、名古屋の東洋組・音羽清逸が約四三〇万本の煉化石製造から回漕までの一式を請け負うことになる。愛知県は、皇居御造営事務局からの依頼で、煉化石の検査と代金仮払いを担

表 2―14　皇居造営で受注した煉化石の数量

請負者	当初請負本数	納品した本数	支払金額	備考
東京集治監	10,622,308本	6,334,508本	47,565円50銭7分	
東洋組	4,302,750本	766,234本	6,448円60銭7厘	割増795円36銭を含
小泉弥吉・他 8 名	3,986,168本	3,986,168本	32,038円65銭4厘	
合　計	—	11,086,910本	86,052円76銭8厘	

表2―15　煉化石製造の主要機関・個人と単価

煉化石種類＼請負者・金額	東京集治監 初回請負①	東京集治監 改正請負②	東洋組・音羽清逸 請負時	東洋組・音羽清逸 追加・回漕費	細谷惣助 請負時
焼過	八〇円	八六円（六円増）	八〇円	―一円二五銭五厘	八四円（八五円・七九円）
上々	七六円	八一円（五円増）	七七円	一〇円八三銭五厘	八〇円
上	七二円	七四円（二円増）	七五円	一〇円五五銭二厘	七四円（七二円）
中（並）	六八円		七〇円	九円八四銭八厘	
竪二ツ割上	六三円				
極焼過		八一円（五円増）			

※ 金額は１万本当りのもの

うことになる。しかし、製造途上の翌年五月、東洋組から解約の申し出があり、受理される。表2―15にあるが東洋組が納品した煉化石は、約七六・六万本で、受注の一七・六％にすぎない。解約の最大の要因は、費用と考えられる。表2―15に、一万本あたりの値段を示した。東京集治監は、明治十七年五月二十日監獄局長より示された数字と翌十八年二月二日の陸送賃増費による改正時のもの。東洋組は、東京集治監との第一回目の入札時に示した金額で、愛知県が明治十八年七月二十一日に照会したもの。東京集治監①よりいく分高いが、同②と比較するとかなり低価なのである。愛知県は、四種類の煉化石代として元価の五六五三円二四銭七厘に加えて割増として七九五円三六銭を支払っている。割増としたのは、回漕費を指している。表2―15では、東洋組の価格は、回漕費を別にすると上煉化石を除きいずれも安価である。しかし、回漕費を含めて支払った金額は、請負額を優に一割を超えている。すなわち、東洋組は製造ができないのではなく、製造するほど回漕費がかさみ、赤字額が増加するのである。史料では、東洋組の申し出とあるが、解約せざるを得なかったのである。

新たな供給先　東洋組の解約を受けて、煉化石製造の新たな供給先が必要となる。史料には、東洋組の不足分約三五三・五万本におよそ四五万本を加算し小泉弥吉をはじめ九名と請負契約を結ぶ。明治十八年七月以降のことである。いずれも運搬が皇居にさほど遠くない請負人で構成される。そのなかで最も受注したのが金町村の細谷惣助である。その総額は、二二八万六八九六本、一万七二九六円五〇銭一厘になる。新たな供給先のなかで数量が五七・四％、金額が五三・九％を占める。表2―15に煉化石請負単価を示したが、それは、東京集治監の改正時の金額を下回るものである。表中の括弧の数字は、案件で単価が異なるものが含まれているものを指す。総体的に単価が低価となっているのである。

史料では数量が僅少であるが、注目されるものとして白煉化石がある。用途は、暖炉の内側に使用するものである。輸入品と国産品の二者があり、前者は、奥宮殿の聖上常御殿御一之間と御寝之間の二間に限られるもので、一〇〇本とある。一本あたり九銭五厘と高価である。後者は、伊豆天城産の白土を焼いたもので、黒田平吉が全てを請け負う。総数六九八〇本、二四一円五〇銭になる。一本あたり三銭四厘（三厘）であることから焼過・上々煉化石と比較するとかなり高価である。特例として三殿用五五〇本がある。二度焼しており、一本あたり四円四〇銭と記されている。

このほか、特異なものとして、暖温器械据付用の耐火煉化石があり、輸入で賄っている。

（野中和夫）

第三章　東京府下のインフラ整備

一　明治東京の石橋─常磐橋と日本橋

明治期の東京の橋として、ここでは明治初期に石造アーチ橋に架けかえられた御門橋であった常磐橋、そして明治の終わり頃、都市整備が整ってくる頃に架けかえられた日本橋について取り上げ、それぞれの建造時の状況を概観する。あわせて現存する常盤橋の擬宝珠資料の紹介を行いたい。

1　東京府下の石橋・常磐橋

常磐橋は明治十年（一八七七）、外濠（現在の呼称は日本橋川）に架けられた都内に現存する最も古い石造アーチ橋である。橋長三二・三メートル、幅員一一・四メートルで、橋に接続する旧江戸城常盤橋門跡は昭和三年（一九二八）に国指定史跡となった。

常磐橋は文明開化期の石造アーチ橋の様相を伝える貴重な橋である。伊東孝氏によれば、この頃の橋梁技術は、技術・材料・設計・架設などあらゆる面で外国人に依存しており、鉄橋の架設と輸入橋梁がその政策の中心であったという。鉄橋と同時に石造アーチ橋も広がりをみせ、江戸期より石造アーチ技術をもっていた九州地方の技術者を呼び寄せ、架設が行われた。その際、石橋の材料に旧江戸城の見附の石材を転用することが行われた。

常磐橋は、江戸期には江戸城常盤橋門に接続する御門橋であり、奥州道中へと通じていた。橋の創架年代は不明であるが、慶長八年（一六〇三）の創架と伝わる日本橋よりも早いと考えられている。なお、江戸期には「常盤橋」と表記するように、「盤」の字が使われていた。「常盤橋」の名前がつけられたのは、斎藤月岑の地誌『武江年表』の記述によると、正保年間（一六四四〜一六四七）のはじめ頃としており、それまでは「大橋」「浅草口橋」と呼ばれていたようである。「盤」の字が「磐」に変化した理由には、「盤」のなかの「皿」という字が壊れやすく、橋の名としては縁起が悪いため「石」の字が含まれる「磐」にしたという説がある。関東大震災後の大正十五年（一九二六）、震災復興橋梁として下流に新しい橋が架設されると、そちらが「常盤橋」と名づけられた。また常磐橋の上流には、「新常盤橋」という橋も架かっている。

常盤橋が創架された江戸期、市中には堀や水路が多いため橋の管理は重要課題であった。しかし常盤橋のような御門橋の維持管理・費用の史料はほとんど知られておらず、江戸城改築費のなかで賄われたと考えられている。江戸中期の幕府の法令集である『御触書寛保集成』の正徳二年（一七一二）六月十五日「所々御門番人数之覚」の条によれば、常盤橋門の門番には侍や足軽など、全部で五七人もの武士が割りあてられていた。また幕臣の服務規程や諸役の詳細を記した『殿居嚢』によれば、その仕事内容は火事への対処、周辺での喧嘩口論・急病人への対処、御門の掃除・手入れなど多岐にわたり、このなかに橋の軽微な管理も含まれていたと思われる。江戸城の御門は多くの警護によって維持され、幕府の権威を保つのに一役買っていたことが想像される。

明治初頭、維新を経て新政府による体制がはじまると、江戸城の御門は取り払いとなった。高麗門・渡櫓の基礎はそのままで木造部のみ取り払い、門内の大番所は廃止され、門の通行が自由化された。鈴木理生氏によれば、これら御門通行自由化の順は、交通量の順であり、「通行の自由」が明治の近代化の第一歩でもあったという。そして新政府は明治六年（一八七三）架設の万世橋（旧名万代橋）をはじめ、それまでの木橋を次々と近代化の象徴である石橋や鉄橋に架けかえていった。また同年三月から年末にかけ、数寄屋橋門櫓をはじめとした各城門の櫓の撤去も行った。常盤橋門も同年一二月に撤去が完了している。

御門の撤去と橋の架けかえには、複数の理由があった。御門のような大型の建物を複数維持するのが困難であること、火災が多かった当時において、石や鉄など、火災に強い不燃素材で市中の橋を建設する必要があったこと、そして交通量の増大や馬車などの新しい交通手段の登場により、耐久性のある橋へ架けかえる必要があったことなどである。当時府内に存在した橋梁は、明治九年（一八七六）の『東京府管内統計表』によれば、全部で三五〇橋あり、江戸時代の市域の範囲である朱引内でも約二〇〇が数えられている。ただしこれは橋長五間（約九メートル）以上の橋しか掲載されていないため、これ以下の橋も含めればさらに多数であったと考えられる。これだけの橋を補強する必要があったのである。

常磐橋の施工時のことについては、精算帳などが東京都公文書館に残されておりうかがうことができる。明治十年に東京府より内務卿へ提出された架けかえ費用の上申書（「法令類纂附録　院省往復」『東京市史稿　市街篇六〇』）によれば、総計金一万五一九四円六六銭八厘が計上されている。使用された石材

表3―1　常磐橋の工事にかかった主要材料と職工人数

新小松石	9,222.876 切
旧小石川見附跡残石	17,303.473 切
寒水石	468.848 切
房州石	4,040 本
切込砂利	25 坪
玉川砂利	50.2 坪
鋳鉄	1,574 貫目
松丸太	762 本
松	245 本余
セメント	1 樽
荒砥石	20 本
縄	100 抱
足土	237.5 坪
大工	249 人 5 分
石工	8,847 人 3 分
石工手伝人足	5,507 人 2 分
土方人足	6,445 人 9 分

（「法令類纂附録　院省往復」『東京市史稿　市街篇60』より作成）

は新小松石、寒水石、房州石、玉川砂利などがあげられている。また、根石や敷石などの項に「小石川旧見附取壊残石相渡候分」と注記されており、小石川見附の石材が相当量転用されていることがわかる。（表3―1）明治九年には、小石川見附の残石のうち、土中から掘り出した御影石が堅緻でよい石なので、中央の車道敷石、高欄廻り、地覆、袖の笠石などに用いたいとのうかがいが東京府から内務省へ出されている（「常盤橋敷石及高欄廻り石材御影石ニ取替遣方伺」〈院省往復　第一部〉）。

完成した常磐橋は、壁石は輪石（巻石）を同心円状に幾重にも重ねた八重巻石を外観意匠としている。大理石の親柱や束柱をもち、洋風の鉄製装飾高欄がつけられているが、親柱には八角形の灯籠風の屋根を乗せ、アーチ橋台には日本の石垣積みが採用されるなど、和洋折衷の様式とみられる。路面には歩車道の区別があり、歩道は一段高くなっている。大正期頃とみられる写真（図3―1）をみると、現在欠落している上流側にも水切り石があり、鉄製高欄の形も現在と違っている。常磐橋は平成二十三年（二〇一一）の東日本大震災で損傷を受け、千代田区により解体修理が行われているが、その調査によれば、常磐橋の壁石面には「反り」が確認でき、近世以来の石造技術の延長上に築造されたことが指摘できるという。ま

図3—1　絵葉書　常盤橋及日本銀行　明治・大正期頃（中央区立郷土天文館蔵）

た石橋の内部から、江戸期の橋台と橋脚も発見されている。

東京府内で早々に石橋に架けかえられたのは、先述のように明治六年十一月完成の万世橋や同七年の浅草橋、同八年の江戸橋・京橋などであるが、それらの外観は錦絵などでみる限り、石橋ではあるが擬宝珠が付けられた和風の装飾であったり、あるいはシンプルな石柱の高欄であったりした。（図3—2）常盤橋は当時としては斬新なデザインの橋であったとみられる。

これらの石橋は東京市の市区改正事業の実施に伴い架け替えられていったが、常磐橋のみ、古橋保存のために残されたという。

2　御門橋と古材の転用

常盤橋に旧小石川見附の石材が転用されたように、明治初期には橋梁や見附などの古材の払い下げや転用が盛んに行われた。古材の転用は、この時期

図3—2　錦絵　東京名所京橋之図　明治８年（1875）（中央区立郷土天文館蔵）

の橋梁事業の特徴の一つといえる。

例えば明治七年（一八七四）には、御門橋の和田倉橋、竹橋を新造したので、古材を一般入札して払い下げようとしたが、府下の下水上の小橋や土留め柵に転用したいので下げ渡してほしいとのうかがいが東京府から内務省へ出されている（「内務省へ和田倉橋并竹橋大破架換入費の義伺」〈院省往復　第一部〉東京都公文書館蔵）。

常盤橋が石橋へと架けかえられた際も、古材は一般入札によって払い下げを予定していたようである。「常盤橋古材御下ヶ渡等之儀伺」（〈院省往復・第一部〉東京都公文書館蔵）という明治九年（一八七六）に東京府から内務省へ出されたうかがいには、次のようにある。

三百八拾三号
三千九百九拾八号

常盤橋古材御下ケ渡等之儀伺

府下常盤橋朽腐ニ付石橋ニ模様替之儀
先般伺済之上現今着手中ニ有之右木材

之儀漸々取毀チ追テ一般入札ヲ以テ払下ケ代金
土木寮ヘ相納可申候筈之処古材朽腐之所
切縮メ削直し等致候得者小橋并土留柵等ニハ
充分用立候見込ニ付当府ヘ囲置前条之ヶ所ヘ
相用候得者臨時之弁利ヲ得一般之公益ニモ相成
候儀ニ付曾テ竹橋和田倉両橋之古材御下ケ渡
相成候振合を以右同様御下ケ渡相成候様致度尤
唐銅擬宝珠大小十箇之義ハ追而於当府
入札払下ヶ代価土木寮ヘ相納候様可致候此段
相伺候也
明治九年三月十四日東京府知事楠本正隆（印）
内務卿大久保利通殿

（以下略）

古材を一般入札して払い下げる予定であったが、腐朽した部分を切り縮め、府下の小橋や土留め柵へ転用したいとして、竹橋・和田倉橋の時と同様、東京府に下げ渡すよう願い出ている。この願いは許可され、古材の本数などを見積った上、代価は土木寮へ上納するよう指示が出ている。こうして多くの御門橋の古材が府下のインフラのために再利用されていった。

次に橋の金属装飾の転用について例をあげる。御門橋には江戸幕府の権威の象徴ともいえる擬宝珠がつけられており、原形を留めたまま転用された例が見受けられる。

擬宝珠とは、橋などの高欄の柱の頭部につける装飾および腐食止めのことである。瓦や銅、鉄などで作られる。江戸期には、市中で擬宝珠がつけられる橋は限られており、享保十九年（一七三四）の『享保撰要類集』によれば、日本橋に一〇基、京橋に一〇基、芝口橋（新橋）に八基であった。ただし芝口橋は享保二十年（一七三五）の架けかえにあたり、取り外されたとみられる。一方多くの御門橋には擬宝珠が取りつけられていた。松村博氏によれば、外郭の石垣や城門が強化された寛永中期につけられるようになり、権威を強調するものになった可能性があるという。ちなみに、現在皇居の堀にかかる平川門橋には江戸期の擬宝珠が転用されており、慶長十九年（一六一四）銘四基、寛永元年（一六二四）銘六基が確認できる。

こうした擬宝珠の明治以降の行方について、東京都公文書館に残されている記録によれば、古材として払い下げになったほか、紛失や盗難の事例が散見される。明治七年（一八七四）には、竹橋の唐銅擬宝珠三基が行方不明となり、「盗賊之仕業」として警視庁へ届け出ている記録がある（「竹橋唐銅の擬宝珠三つ盗難の仕業か不相見の件東京府より警視庁へ届」〈各寮使庁府県往復　第二部〉）。また明治九年（一八七六）には馬場先門橋の「男柱袖柱頭巾銅物」が紛失（「警視局より馬場先門橋欄冠銅剣取ヶ所修繕方照会」〈府県往復　第二部〉）しており、この他にもいくつか事例が見受けられる。また、再利用の記録として、明治四十四年（一九一一）、万世橋の擬宝珠と石材が「宮本町地先御茶の水公園」（千代田区宮本公園か）で使用するため神田区へ無償で譲渡されている例が確認できる（「御茶の水公園に使用可無償譲受の件〈神田区元万世橋擬宝珠及石材〉」〈雑件〉）。入札の記録では、明治七年（一八七四）、竹橋・和田倉橋の擬宝珠の入札の例があり、和田倉橋は大小七基、竹橋は大小五基の計一二基が、金九十円六厘で第一大区八小区元数寄屋町四丁目四番地三河屋清兵衛（用達商人）により落札されている（「和田倉橋竹橋擬宝珠入札払下代金上納に付伺　東京府より内務省へ」〈院省往復　第一部〉）。

こうしてみると、江戸期のような警備がないため紛失・盗難の事例が目につくが、転用された場合は、別の場所で同じように使用されていたことがわかる。

常盤橋の擬宝珠も転用が図られた。先の史料でみたように、常盤橋の古材は石橋へ架けかえられた後に東京府へ下げ渡し、擬宝珠は入札の予定であった。

3　現存する常盤橋擬宝珠の変遷

常盤橋の遺物として、明暦四年（一六五八）銘の擬宝珠が江戸東京たてもの園に二基、中央区立郷土天文館にも同年の擬宝珠二基が所蔵されている。ここでは中央区所蔵の擬宝珠について紹介し、擬宝珠が常盤橋から外された後の経緯をたどってみる。

本資料は、平成二十四年（二〇一二）に東京都公文書館から中央区立郷土天文館へ寄贈された。

擬宝珠の材質は青銅製であり、二基とも内部のなかほどまで漆喰が詰められている。一つは胴直径三七・〇センチ、高さ七四・五センチ、重量七五・八キロ。もう一基は胴直径三七・二センチ、高さ七五・〇センチ、重量七五・九キロである。二基とも胴部分に「明暦四戊年三月吉日　常盤橋　鋳物御大工　椎名兵庫頭吉綱」と刻まれている（図3―3・4）。

明暦四年当時の常盤橋の様相や擬宝珠の数は不明であるが、明治初年に撮影された常盤橋の写真（図

3―5）を参照すると、木橋の親柱・袖柱・中柱にそれぞれ擬宝珠が取りつけられ、計一〇基の擬宝珠があったことがわかる。本資料はこの一〇基の内の二基である可能性が高い。

この擬宝珠が製作された経緯を直接示す史料は現在のところみつかっていないが、鋳造の前年である明暦三年（一六五七）には、江戸の大部分を焼いた明暦の大火が発生していることから、この時に焼失した常盤橋の再建に伴い製作されたものと考えられる。明治から昭和にかけての金工家・金工史家の香取秀真の『鋳物師の話』によれば、香取が当時調査した擬宝珠には、万治から正徳にかけての

図3―4　常盤橋擬宝珠（図3-3も、ともに中央区立郷土天文館蔵）

図3―3　常盤橋擬宝珠

図3—5　常盤橋外観（『季刊日本橋』第四号所収、中央区立郷土天文館蔵）

年代の銘文をもつものが多く、明暦四年から橋梁の復興再建が行われたらしいという。現存する旧日本橋の擬宝珠にも、同じ一六五八年の「万治元戊戌年　九月吉日　日本橋　御大工　椎名兵庫」との銘文が刻まれたものがある。但し日本橋の方が改元後の万治元年銘であることから、御門橋の常盤橋が優先して製作されたことがうかがえる。

この擬宝珠の作者は、代々江戸幕府の御用鋳物師を務めた椎名氏の二代目、椎名兵庫頭吉綱である。椎名氏は栃木県佐野市で発達した天明鋳物師の出身とみられ、椎名兵庫頭吉綱は、旧日本橋の擬宝珠や日光東照宮の燈籠など、多くの鋳造品を残したことが知られている。

中央区では、平成二十六年に専門業者に依頼し、計測および写真撮影、銘文の拓本取りを行った。その結果、一基の内側に文化三年（一八〇六）の日付のある銘文が新たにみつかった（図3—6〜10）。銘文は胴体の下部に彫られており、「文化三年寅五月吉日　椎

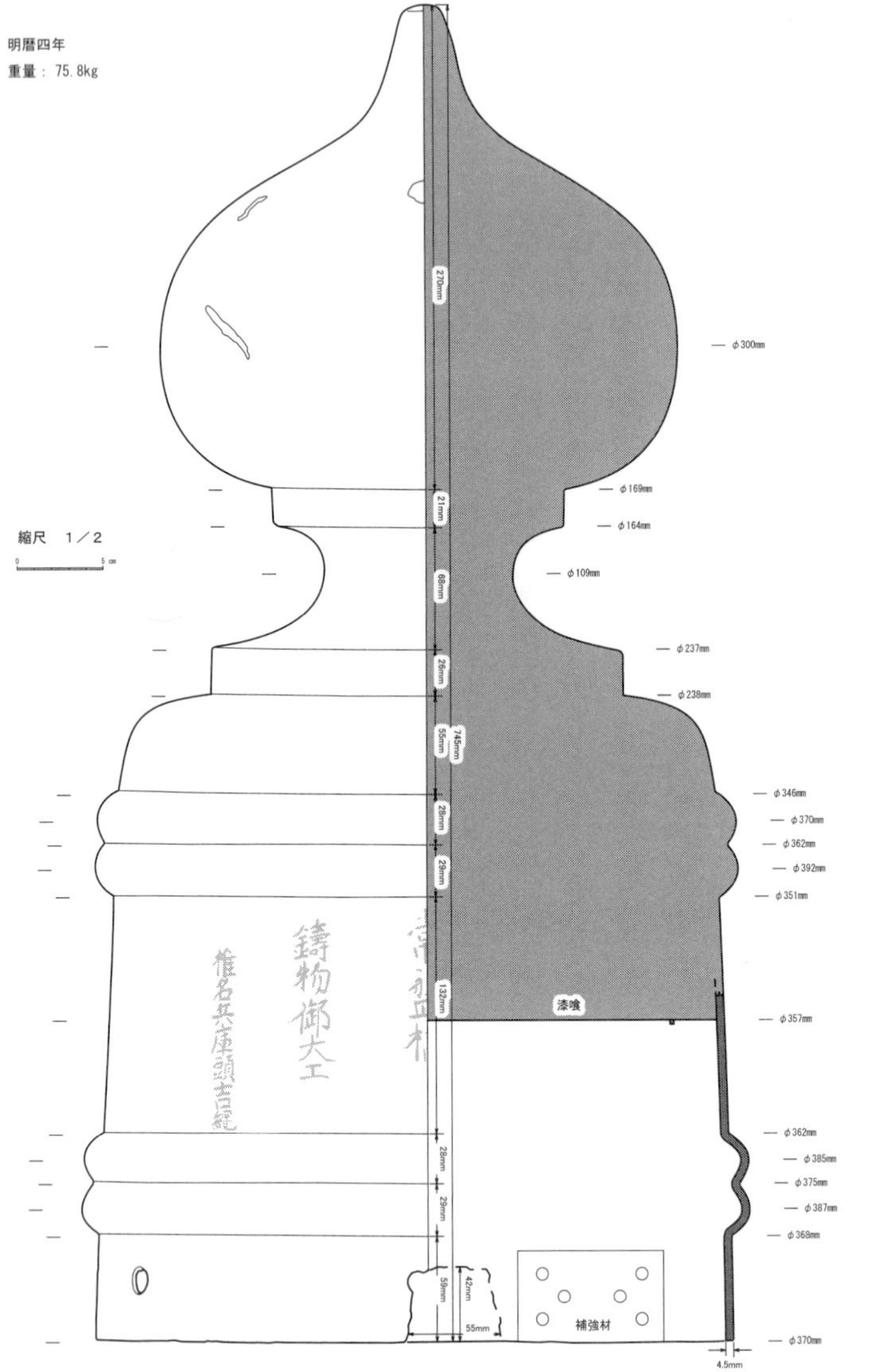

図3―6　常盤橋擬宝珠実測図（明暦四年銘）（中央区立郷土天文館提供）

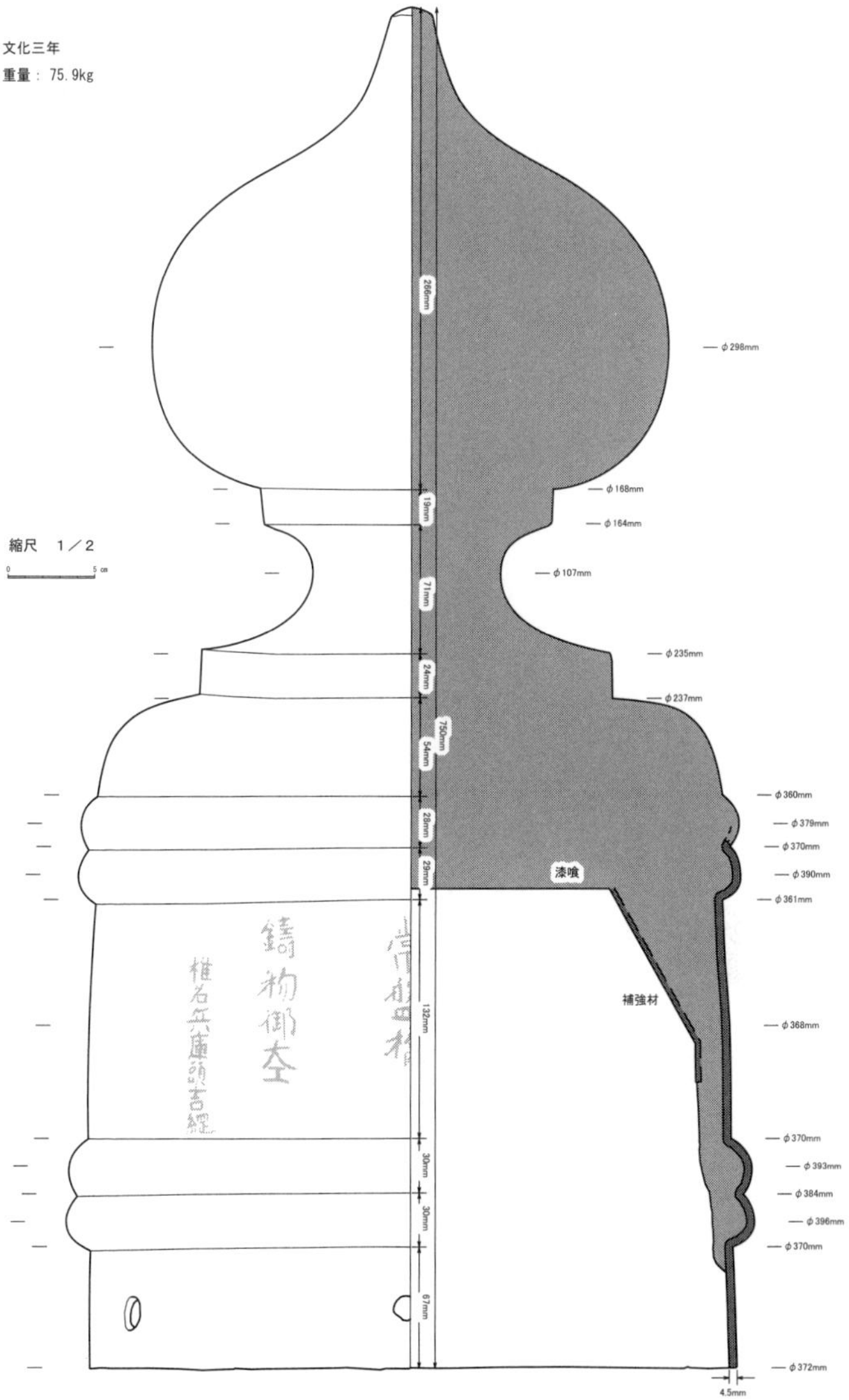

図3—7　常盤橋擬宝珠実測図（明暦四年・文化三年銘）（中央区立郷土天文館提供）

図 3—8　常盤橋擬宝珠銘文拓本（明暦四年銘）（中央区立郷土天文館提供）

図 3—9　常盤橋擬宝珠銘文拓本（明暦四年・文化三年銘）（中央区立郷土天文館提供）

図 3—10　常盤橋擬宝珠内側銘文拓本（明暦四年・文化三年銘）（中央区立郷土天文館提供）

名庄太郎」とあり、このほか「平賀」「今井」など名字と思われる文字の羅列が二〇程見受けられた。由来等の文言は確認できなかったが、文化三年三月四日には、芝車町を火元とする大火によって常盤橋門が類焼していることから、この銘文は大火によって被災した擬宝珠を新たに鋳造した時のものと考えられる。ただ、表の銘文は明暦四年銘であることから、明暦四年当時の擬宝珠が焼け残り、修復の際、その内側に文化三年五月の銘文を追刻した可能性もある。しかし擬宝珠の胴体に継ぎ目がないこと、表の銘文がもう一基の銘文の字体とは明らかに異なることから、表の銘文は、新たに鋳造した擬宝珠に明暦四年当時の銘文をそのまま写したものではないかと考えられる。内側の銘文にある椎名庄太郎の詳細は不明であるが、椎名氏の菩提寺である台東区元浅草の了源寺の過去帳によれば、天保七年（一八三六）没の「十三世願光院本誉恵也居士　椎名氏」という人物がおり、年代から推定して、この人物が椎名庄太郎にあたる可能性がある。

先述の通り、常盤橋が石橋へと架けかえられた際、旧橋の部材は府下の小橋などに転用され、擬宝珠についても入札を行うこととしていた。東京都公文書館所蔵の「常盤橋古材代価上納之義東京府知事より内務卿へ上申」（〈稟議録・諸官省中牒並指令〉）によれば、槻丸太四六本、槻二八本、檜二二一枚分が古材代金として金一一八円二四銭で計上されているが、内訳には擬宝珠の代金が含まれておらず、入札が行われたかどうか定かではない。この後の常盤橋擬宝珠の行方について、史料上からはうかがうことができないが、香取の大正三年（一九一四）発行の『日本鋳工史稿』によれば、明暦四年八月銘の擬宝珠が浜離宮の汐先橋に使用され、五基残っていたという（ただし同氏の『金工史談』では、汐先橋に使用されていたのは、明暦四年「三月」の銘文をもつ常盤橋の擬宝珠だと述べられている）。また明治三十四年（一九〇一）発行の『新撰東京名所図会』には、同じく汐先橋に明暦四年三月の常盤橋擬宝珠が四基存在したと記されている。

汐先橋は銀座八丁目と東新橋一丁目を結んでいた橋で、汐留橋ともいった。明治三十四年当時の木橋は、長さ一六間（約二九・一二メートル）で、一〇基の擬宝珠を配していた。また親柱には「明治二四年成」と刻まれていたという。香取の記録によれば、常盤橋の五基のほか、呉服橋（万治二年〔一六五九〕己亥年八月吉日　鋳物御大工　椎名兵庫頭吉綱）一基、浅草橋（正徳元年〔一七一一〕卯六月吉日　御鋳物師　矢部豊前重）二基、筋違橋（正徳元年〔一七一一〕卯七月吉日　鋳物師大工　椎名伊豫重休）一基の擬宝珠が取りつけられていた。ただし汐先橋は明治九年（一八七六）にも架けかえが検討されており、これらの擬宝珠がいつ取りつけられたかは不明である。

汐先橋は関東大震災後の帝都復興事業により廃橋となった。その際擬宝珠がどう処理されたかは不明であるが、『東京市史稿　橋梁篇第二』の記述によれば、千代田区の宝田橋（現九段南一丁目と神田神保町三丁目の間）に明暦四年三月の銘のある常盤橋擬宝珠が三基使用されており、汐先橋につけられていたものを移したとのことである。また『新修日本橋区史　上巻』によれば、明暦五戊戌年三月吉日銘の擬宝珠が、宝橋（現京橋一・二丁目と八丁堀二・三丁目の間）に使用されていたという。なお、ここで明暦五年とあるが、戊戌にあたるのは明暦四年なので、日本橋区史が誤記をしている可能性がある。

以上、中央区所蔵の常盤橋擬宝珠の変遷を振り返ってみた。香取によれば、かつて汐先橋のほか皇居の平川橋（千代田区一ツ橋一丁目）や弁慶橋（現千代田区紀尾井町と港区元赤坂一丁目の間）に、御門橋や日本橋の擬宝珠が転用されていたという。しかしこれらの擬宝珠は、戦災や水路の埋め立てに伴う橋梁の撤去により、行方がわからなくなってしまったものがほとんどである。汐先橋や宝田橋、宝橋に擬宝珠がつけられた経緯、廃橋後の擬宝珠の行方についても不明である。なかには、戦時中の金属供出により鋳潰されてしまったものもあると思われる。明治初期の橋梁が姿を消していくなか、こうした現存する常盤橋やその古材は、当時の橋梁デザインや橋梁事業を考察する上で有益な情報を提供してくれている。

4　江戸東京の象徴・日本橋

次に、明治後期、石橋日本橋が架けられた時の状況について概観する。単なる橋梁というだけでなく、帝都の顔としての役割をもっていたのが日本橋であった。日本橋は平成十一年（一九九九）に重要文化財に指定されている。

現在の石橋日本橋は、明治四十四年（一九一一）に竣工した。この頃の橋梁事業は伊東氏によると、文明開化期においては幹線道路および東京の表玄関にあたる地域に重点的に永久橋が架設されていたのが、市区改正期にあたり、日本橋および京橋地区を中心に面的に永久橋が架設されるように変化したという。また中井祐氏によれば、近代橋梁技術は鉄道国有法の可決や東京市臨時市区改正局が設置されたことが要因となり、明治三十九年（一九〇六）を境に急加速するという。橋梁の建設が完全に日本人技術者により行われ、橋梁専門の技術者が登場し、道路橋では東京・大阪を中心に外観を意識したタイプの市街橋が誕生する時期だとされている。

ここではまず石橋日本橋の前史として、江戸期の日本橋、そして明治初期の木橋の姿を振り返ってみる。日本橋は、単なる橋梁というだけでなく、情報の発信基地や街のシンボルともなっており、その点にも注意してみていきたい。

日本橋の創架の年代には諸説あるが、慶長八年（一六〇三）に江戸幕府が開かれ、江戸城と城下町の建設が本格化し、その際に架けられたというのが通説となっている。橋名の由来も様々で、三浦浄心が著書『慶長見聞集』で「この橋は日本国の人が集まって架けた橋でありこれを日本橋と名づけた（巻二）」などと述べている例がみられ、明確な由来というものはみあたらない。この名称の由来は鷹見安二郎氏の『東京市史外篇　日本橋』に詳しい。創架当時の橋の規模も不確かで、それについて触れた早い時期の記事は同じく『慶長見聞集』で、「敷板の上、三十七間四尺五寸、広さ四間二尺五寸なり」とある。

慶長九年、幕府は日本橋を起点として、東海道や東山道などに三六町ごとに一里塚を築くことを命じた。同時に駅路人馬の賃金も定められ、やがて日光道中や甲州道中が整備されると、それぞれの起点ともなった。諸街道の起点としての日本橋の顔はここからはじまっている。なお信書や貨物の輸送を生業とした飛脚問屋も日本橋近くに集まっていた。

また江戸期の日本橋は、情報発信基地としての顔も持っていた。当時、人の往来が盛んな場所には高札場が設けられたが、日本橋はそれらのなかでも重視された高札場であった。高札とは幕府の法令・禁令などを板に墨書し、人目につきやすい場所に設置したものである。日本橋では橋の南詰西側に設置されていた。さらに高札場の反対側、南橋詰の東側には晒《さら》し場が設けられていた。晒しとは罪状を書いた捨札とともに罪人を大衆の面前に晒してみせしめとする刑罰である。晒しは明治元年（一八六八）の明治政府の仮刑律によって、引き廻しなどの刑罰とともに姿を消した。

このように江戸期の日本橋は、単なる交通の要所というだけでなく、情報発信基地としても幕府の重要な拠点となっていた。また日本橋周辺は、諸問屋や金座、芝居町などが集中して大繁華街を形成しており、江戸の一大名所であった。

なお日本橋は街の中心地にあり、火災の多い江戸にあって、幾度も類焼を経験している。架けかえや修復が多く、正確な回数は特定できないが、江戸期を通して一〇回以上架けかえられた。

明治維新を経て最初に日本橋が架けかえられたのは、明治六年（一八七三）五月であった。木製の西洋式トラス構造で青ペンキが塗られ、それまでの橋にあった中央の反りと擬宝珠がなく、人道と車道を区別する柵が設けられた。人力車や馬車など新しい交通手段が登場し、船が通るために設けられていた中央の反りが障害となったことや、それらによる交通事故を避ける目的で登場した橋であった。これ以降、江戸期に盛んであった水運から陸運へと交通手段の重心が移ったことにより、橋は平らに架け直されていく。日本橋の柵はその後撤去されて縁石が置かれるようになるが、明治十五年（一八八二）に鉄道馬車が開通すると、それも取り払われたようである。橋上には明治七年（一八七四）に石油ランプが、翌年にはガス灯が灯されており、昼夜問わず人力車や馬車、鉄道馬車が行き交い、いち早く文明開化の様相を呈した。

その後日本橋は、改架二年後の明治八年（一八七五）の『東京日々新聞』の記事によれば、すでに「中央なる馬車道ハ漸く朽腐して微凹を生し車輪と齟む所ありし」と報じられているように、交通手段の重量化、交通量の増大により、修繕が必要となっていった。そのため、改架計画案が幾度か出されたが、なかなか実現しなかった。しかし明治六年から三〇年ほど経過して橋の老朽化が進み、とくに明治三十六年（一九〇三）十一月に市電が開通することになると、重量に耐える橋の建設が急務となり、新しい日本橋の設計・工事計画が進むこととなった。当時の東京市の主任技師米元晋一によれば、日本橋は全国的に著名な橋であるから、その名にふさわしい構造とするには、多大な工費が必要であり、財政上の都合が容易につかなかったと述べている（『日本橋紀念誌　完』）。それでも日露戦争が終結し景気が上を向き、改築の機が熟したことにより、明治三十九年度から事業に着手することとなった。実際には四十年度から実施設計が完了し、四十一年度から本工事に着手した。

なお、この頃の日本橋周辺は、明治二十年代後半から次々と建設された日本銀行、三井本館、三井呉服店、白木屋呉服店、丸善などの近代建築が立ち並び、欧米風のビジネス街の様相を呈しつつあった。そうした街の近代化・建築の洋風化が進む明治の晩年に、石橋日本橋は登場した。

5　石橋日本橋の誕生

新規日本橋の工事設計および工事監督主任であったのが、当時東京市主任技師であった米元晋一である。米元は明治三十六年（一九〇三）に東京帝国大学土木工学科卒業後、東京市役所に就職した。市の水道事業の担当であったが、恩師の推薦により明治三十九年（一九〇六）五月に日本橋の設計および工事監督主任に就任した。日本橋の設計にあたっては、ルネッサンス式石造アーチ橋を採用し、装飾担当の大蔵省臨時建築部技師長妻木頼黄らとともに尽力した。また同年にアメリカから帰国したばかりの橋梁技術者の樺島正義が東京市技師となり、日本橋の改築事業にあたった。

米元によれば、日本橋の素材や様式を決定するにあたり、江戸趣味・日本趣味を表すために、当初は木材を使用する意見が出ていたという。しかし木材は頻繁な架けかえ修理が必要なため適当とはいえず、一方で鉄材は木材と比べれば耐久年限が長いものの、石材のように不朽の材料ではなく、美的建造物料としては到底石材に及ぶべくもないとして、石材にしたとのことである。橋梁の形式はアーチ形が最も美的趣味を帯び、石材使用にも適当であるため、アーチ形を採用したという（『日本橋紀念誌　完』）。

新しい日本橋の長さは二七間（約四九メートル）、幅一五間（約二七メートル）、車道は一〇間（約一八メートル）、車道中央の電車路は一七尺（約五メートル）で、車道の両脇に各二間半（約四・五メートル）の歩道が設けられた。アーチは二連で、橋台は両岸に各一基、川の中央に橋脚を築いて二つのアーチが接合された。高さは橋の底から三二尺五寸（約九・八メートル）、満潮時の水面からの高さは一五尺五寸（約四・七メートル）とされた。橋の表面は敷石を含め全て花崗岩の石積みとし、裏込には橋台部にコンクリート、翼壁部には煉瓦が用いられた。橋脚から橋上にかけて突壁が設けられ、その上に高さ六尺（約一・八メートル）の花崗岩製の装飾台がつくられた。さらに橋台に設けられた装飾台は角型の高欄でつながれ、橋台側面には花崗岩製の袖壁がめぐらされた（図3―11・12、表3―2）。

この工事の総費用は五三万三八九〇円という大がかりなものであった。同年代に建造された新橋（鉄橋：明治三十二年五月開通）は六万二二四二円七八銭、京橋（鉄橋：明治三十四年一二月開通）は六万一二七一円七二銭、万世橋（鉄橋：明治三十六年三月開通）は八万二三二〇円であり、素材や大きさの違いはあるが、段違いの費用をかけて造られた橋であった。

従事した技術者たちの種類や数も多く、石工をはじめ、大工、煉瓦職人や鳶職人、機関士、鍛冶職人などを含め、のべ九万五〇〇〇人以上が関わっていた。橋には堅牢さや実用性だけでなく「帝都を飾る」という趣旨もあり、土木技師にとどまらず、建築家、彫刻家や彫金師までもがそれぞれの分野において専門性を発揮し、工事に参加することとなった。装飾担当の妻木も設計当初から事業に参加した。それまで橋

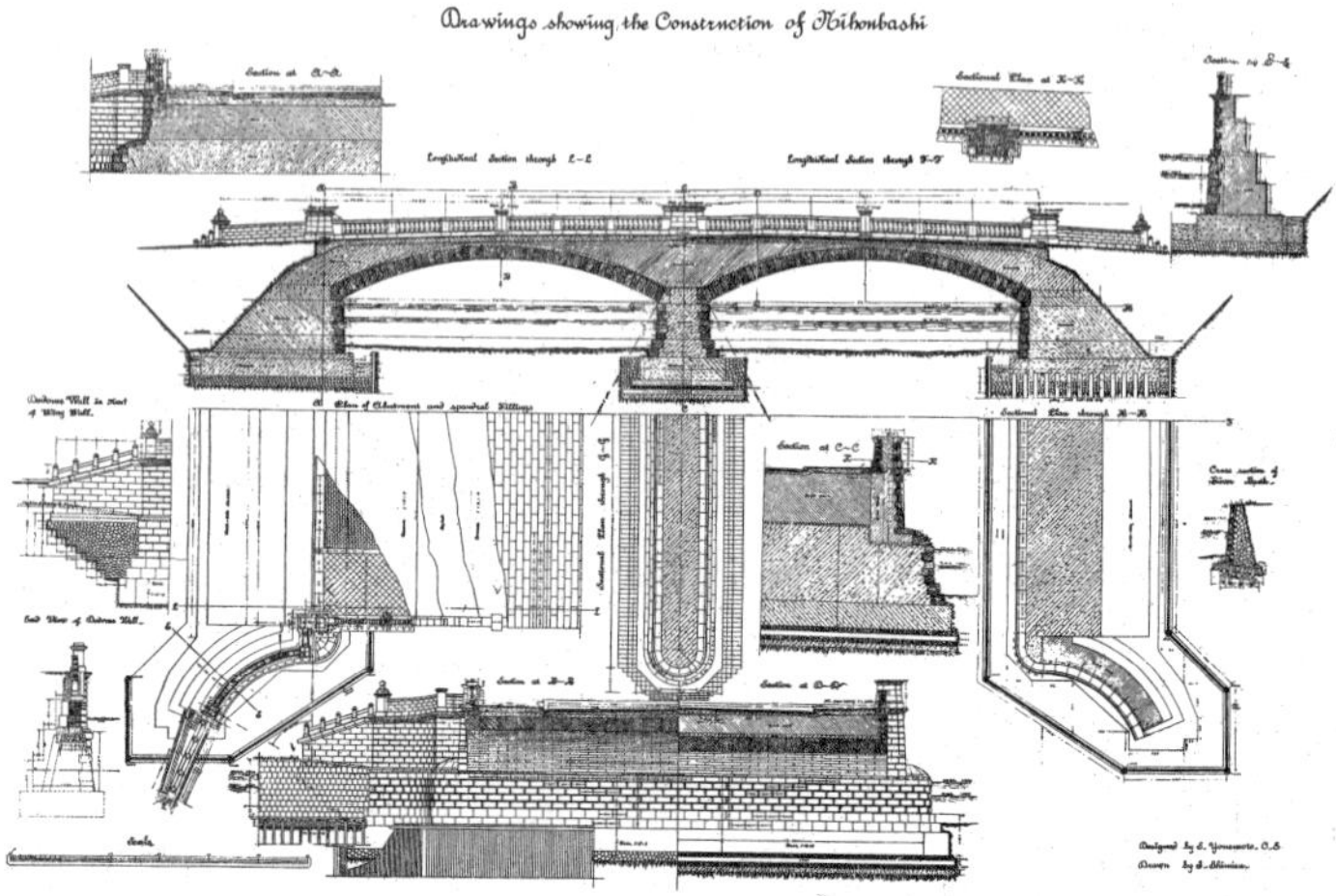

図 3—11　日本橋設計図（「日本橋改築工事報告」『工学会誌』三五九巻所収）（土木学会附属図書館土木図書館蔵）

図 3—12　絵葉書　東京名所第一輯　日本橋（中央区立郷土天文館蔵）

上に装飾を施すという例はあまりなく、橋の建設も土木技師が主に担当してきたため、様々な分野の専門家が共同で行う日本橋の架橋工事は、全く新しい試みでもあった。中井氏によれば、それまで橋の美観とは即ち橋の装飾性を意味し、装飾とは構造体とは独立して考案され、最後に橋に貼りつけられるものであったという。なお、伊東氏が、建築家と土木技術者が共同で橋を設計した最初の例は明治二十年（一八八

表3—2　日本橋の工事にかかった主要材料と職工人数

花崗石	91,459切余
(内訳)	41,505切：茨城県稲田産大花崗石（橋台橋脚表面積、アーチの一部、敷石全部）
	28,973切：山口県徳山産花崗石（アーチの一部）
	11,862切：茨城県加波山産小花崗石（アーチ側壁、翼壁、起拱線以上）
	9,119切：岡山県北木島産花崗石（側面アーチ石、高欄、装飾台石）
セメント	9,373樽
砂利	920坪余
砂	584坪余
煉瓦	932,614本
雑石材	25,316切余
木材	尺締5,937本余
青銅	7,437貫
鉄材	6,836貫余
石工	40,419人
石工手伝人夫	9,937人
大工	8,710人
大工手伝人夫	1,033人
煉瓦職	327人
煉瓦職手伝人夫	721人
鳶人夫	5,795人
土方人夫	25,303人
機関士	1,550人
火夫	765人
鍛冶工	455人
其他雑職工	190人

（『日本橋紀念誌』より作成）

七）竣工の皇居正門石橋（構造設計：久米民之介、装飾設計：河合浩蔵）であることを明らかにされているが、中井氏によれば、河合が担当したのは装飾設計のみであり、構造形式や橋の形の決定に参加していたとは思われず、その意味では日本橋で行われた建築家と土木技術者との共同設計はきわめて革新的であったとしている。

6　日本橋の装飾

日本橋は橋上の装飾にも重点が置かれ、東京市技師長であった日下部弁二郎は、土木技師だけでなく美術の専門家に協力を仰ぐ必要があると考えた。そこで日本橋の架けかえについて助言を受けていた妻木頼黄を相談役として迎えることとした。

日本橋には、獅子と麒麟像を中心とした和洋折衷の装飾が施されているが、設計当初はこれらの像は想定されていなかった。米元の回想によれば、当初は橋の様式同様、装飾も江戸趣味を採用する案が出ており、高欄に擬宝珠をつけ、木製にして朱塗りにする等の意見が出たという。また江戸に縁が深いとの理由から、徳川家康や太田道灌の像を橋上に安置するとの案が出されていた。しかし、橋がすでに西洋式と決定した以上、その上に家康らの像を安置するのは不調和であり、また像の人選についても一部の人からの非難が心配されるとして、別の案を模索することとなった。装飾のデザインを決定するにあたり妻木は、最近の東京市は市区改正とともに家屋も洋風・和洋折衷となっているなか、橋梁だけ古い形態を維持することはなく、「其規模を宏壮にし、其装飾を華麗にし、之を帝都の一偉観と為すべきと共に、江戸名所の一つとして、三百年来の歴史を有する古蹟を回顧せしむるの必要あり」と考えていた。装飾の設計で最も苦心したことについて、次のように述べている（『日本橋紀念誌　完』）。

その橋体との調和渾成を得るに努めたること其の一なり。日本橋は帝都橋梁の重鎮として、美観と共に威厳を具へざるべからず。又日本橋は古来里程の元標たるの寓意を示さざるべからざること其の二なり。而かも努めて日本趣味を以て、典雅安定の趣致を表現せんとすること其三なり。

こうした趣旨のもと、徳川家康と太田道灌の像に代わって取りつけられたのが、青銅製の麒麟と獅子の像である（図13・14）。麒麟は、王者が仁政を行った時に出現するとされる想像上の霊獣である。このことから、明治の聖代に日本橋が架かることを記念し、また東京市の繁栄を祝福するにはふさわしいとして採用された。獅子像は、百獣の長として有名であり、東京市を守護すると同時に市の威厳を表彰するという意

図 3—13　日本橋麒麟像（中央区立郷土天文館提供）

図 3—14　日本橋獅子像（中央区立郷土天文館提供）

図で設置したという。獅子像には東京市の徽章を表した盾をもたせている。

このほか、灯柱には獅子面と榎と松の葉があしらわれている。これは日本橋が東海道など諸街道の起点であることにちなみ、一里塚に植えられていた榎と松をモチーフとして制作されたものである。さらに橋銘板の文字は江戸に最も縁故が深いという理由で、江戸幕府一五代将軍徳川慶喜が揮毫することとなった。

これら橋梁の装飾は、原型制作を東京美術学校の渡辺長男が担当し、鋳造は同じく東京美術学校の岡崎雪聲が担当した。獅子像は西洋のライオンが盾をもつスタイルを日本風にし、運慶作と伝わる奈良県の手向山八幡宮の狛犬などを参考に作られた。麒麟像は苦心の末、狩野探幽、元信らの絵を参考に、全体は西洋風にし、鰭をつけたものとして制作された。麒麟は古来の図像では鰭がない状態が普通であるが、柱に据えた時の釣りあいと、日本橋が里程の元標であったことから、ここから飛翔するとの寓意を含ませて考えられたものであった。なお模型制作の時に翼と鰭の両方を作り諸氏に意見を求めた際、鰭の方が面白かろうとのことで鰭に決定したという。

この麒麟像と獅子像は、大正十二年（一九二三）に発生した関東大震災では被災を免れたものの、太平洋戦争時、昭和十七年（一九四二）の金属回収令によって供出のため取り外されるという憂き目に遭った。幸い溶かされることは免れ、周辺住民のなかには、かつて築地河岸に麒麟像が雨ざらしになっているところや、日本橋区役所の地下に保管されていたのをみたという人がいる。それらの像は戦後になって橋上に戻されたが、平成七年（一九九五）に建設省東京国道事務所によって一部解体工事、同八年から十年にかけて行われた日本橋改修工事（総括監修：東京藝術大学美術部教授戸津圭之介）で修復されるまでは、欠損や仮のモルタル補修などがあらわなままであった。その修復工事によって、東西の麒麟像および獅子像の台座八基は明治四十四年の創架の後、全て改鋳・修復されていることが判明した。麒麟の鰭八枚のうち一枚は完全に欠損し、鉄筋を筋材にモルタルで補修されていた。

なお平成八年の改修工事の際には、破損の甚大な西麒麟柱の南北二体の麒麟像の鰭などが交換された。その時取り外された鰭と灯柱の飾り蓋は現在中央区で保管され、中央区民文化財に登録されている。

7　街の祝祭と日本橋

新造の日本橋の開通式は四月三日に行われた。日本橋区をあげてのお祭り騒ぎとなり、目抜き通りの軒には提灯が下げられ、日本橋はイルミネーションで飾られた。新聞などでは開通式の数日も前から、当日の余興や近隣商店の装飾について詳細が報じられ、また交通規制の知らせなどが報道された。

開通式の日はあいにくの小雨模様であったが、大勢の市民が集まるなか、式場では橋梁課長の工事報告、尾崎行雄東京市長の式辞、東京府知事、日本橋区長、徳川家達貴族院議長などの来賓の祝辞のあと、尾崎市長の先導により、橋渡りに選ばれた木村利兵衛家三代の夫婦らはじめ出席者の渡り初めが行われた。一般の通行は午後三時頃より許され、多くの市民が押し寄せた。

各町や商店、魚河岸は表通りや軒先に装飾を施したり店内を飾りつけたりし、盛大に開通式を祝って盛り上げた。日本橋区の有志者による祝賀会も催され、発起人総代は日本橋区区会議長であった。呉服橋内の祝賀会会場ではビールやおでん等の模擬店や食堂が設けられ、それらの設備はみな寄付により賄われた。余興は花火に加え、市川段四郎ら歌舞伎役者による演目の発表や、芳町や柳橋などの各芸妓衆による来客の接待や手踊りが行われた。その芸妓らの衣装は、白木屋呉服店、三越呉服店が新調した。この祝賀会のため、約一万八六〇〇円もの寄付が集まり、東京市からも約九九〇円が交付された。それらの収入と祝賀会費用の差し引き分一九三〇円ほどは、日本橋区窮民救助資金として寄付された。区をあげての一大祝典であった。

街の主要な場所にある橋はしばしば国家的な行事のデモンストレーションの場ともなり、日本橋も経済・商業の中心地という場所柄、戦勝記念や大典行事などの際には、橋詰に様々な奉祝門が設置された。金山弘昌氏によれば、新造の日本橋は、「凱旋記念橋」としての役割も期待されており、モニュメントであると同時に、祝祭装置という二重の機能をもっていたという。実際、灯柱の装飾ランプは四二個あり、通常はそのうちの一二個のみ点灯するだけであるが、祝祭や式典などの際は全部のランプに点灯する予定であった。また前掲『日本橋紀念誌　完』の妻木の言によれば、灯柱は上部の獅子面の口に取りつけられた小環に紐を通して橋上の各灯柱間に渡し、その紐に東京市の徽章を象ったイルミネーションをつけて点灯する装置であるという。日本橋はこのように祝祭用の演出が可能な橋であり、設計当初から「帝都を飾る」という意味以外に、祝祭装置としても期待されていたことがうかがえる。

江戸期より、日本橋は街の中心として、情報発信基地やシンボルとしての役割も担ってきたが、その歴史は明治以降も変わることなく続いていた。明治後期には「美観」という点も重視され、橋自身の美観に加え周辺の街との調和や、都市の装飾・祝祭を演出するという何重もの意味をもつ橋となった。

（金子千秋）

二　近代水道の建設

東京における近代水道は、明治三十一年（一八九八）に淀橋浄水工場から、浄水処理された水を有圧鉄管で給水したのがはじまりである。近代水道通水以前の東京（全域ではない）では、江戸時代前期に整備された神田上水と玉川上水が継続して使われ、江戸時代とほぼ変わらない石樋や木樋、桝、上水井戸を利用した自然流下による給配水を行っていたが、消防用水の確保や上水の水質悪化、コレラをはじめとする伝染病が発生し、水道の改良が望まれるようになった。この節では東京の近代水道創設の過程をみていきたい。

1　明治初期の所管変動

慶応四年（一八六八）に新政府により江戸に鎮台府が開設されると、旧幕府時代の役所の接収がはじまった。同年六月、旧幕府の作事奉行の所管であった神田・玉川両上水は、町奉行所を廃止して新設された市政裁判所の所管となった。江戸の水道は「江戸第一ノ弁用」として、上水施設およびその記録はいち早く移管された。市政裁判所が飲料水の確保を重んじていたといえよう。八月には東京府が開庁し、市政裁判所の事務は東京府に引き継がれたため水道事務も東京府（東京府上水方屋敷改）の所管に変わった。水道は東京府の所管となったものの、この後度重なる官制変更の影響もあり、次の通りに所管する官庁が短期間のうちに何度も変更することになった。

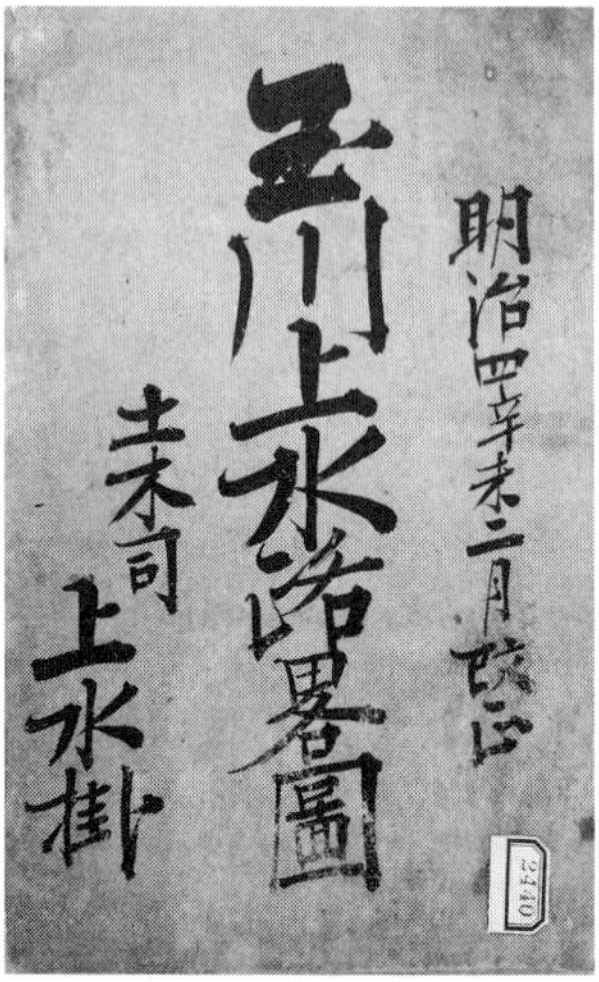

図3―15　『玉川上水路略図』
（東京都水道歴史館所蔵）

明治二年（一八六九）二月、東京府は水道の水配と新規井戸の出願等を所管し、工事事務は会計官営繕司に引き継いだ。同年四月に民部官が設置されると、民部官水利営繕司が水道の工務の所管官庁となったが、その民部官水利営繕司も五月に民部官土木司と改称した。七月になると、民部官を廃止して民部省が設置されたため、水道は民部省土木司の管理となり、十一月には東京府所管の全ての水道事務を所管した（図3―15は、東京都水道歴史館に残された民部省所管の頃に作成されたと思われる資料）。

続いて、明治四年（一八七一）七月に民部省が廃止され、水道事務は工部省土木司に移管された。同年八月、工部省土木司は工部省土木寮と改称され、翌月にはそれまで大蔵省営繕寮の所管であった皇城内の上水事務も、工部省土木寮が引き継いだ。そして十月に工部省土木寮が大蔵省に属することになると、水道事務も大蔵省で取り扱うことになった。十一月になると皇城内用水と水源の水配を除いて、再び東京府が所管した。その後、明治五年（一八七二）五月に東京府は神田・玉川両上水水源（上水路）の水配も差配することになった。但し、皇城内用水については、宮内省内匠司が取り扱った。こうして、水道は東京府による所管に落ち着いたが、明治二十二年（一八八九）五月に東京市が誕生し、東京市は東京府から水道事務を引き継いだ。

2　旧水道の水質の悪化

旧幕府時代は、武家や町方は利用する上水の給水区域の樋筋ごとに水道組合を組織し、維持管理のための費用徴収から工事まで行っていた。しかし、明治時代になり組合は事実上廃絶し、体制が整わないまま継続して上水が使われたため、上水の維持管理が困難な状況に陥った。特に明治五年（一八七二）までは費用徴収ができなかったため、しばらく官費や旧町会所積金（七分積金）などで賄われ最低限の修繕のみを行った。こうした影響からか、飲料に適さない水が供給されていることが判明して深刻な問題となり、各種調査や対策が実施された。

明治二年（一八六九）九月に、羽村の名主源兵衛と福生村の名主半十郎、砂川村の源五右衛門は、旧幕府時代に認められなかった玉川上水路に船を運航する請願書を提出し、明治三年（一八七〇）四月から羽村—四谷大木戸間で通船がはじまった。しかし、次第に船の数が増加して玉川上水の水質が悪化するようになり、明治五年（一八七二）四月に当時の主管である大蔵省は東京府に対し、通船の廃止を通達した。

明治七年（一八七四）に、第三大区詰警視庁十一等出仕の奥村陟により上水路の調査が行われ、神田・玉川両上水の上水路に道路から悪水や塵芥などが流入している実態を報告した。また、明治十一年（一八七八）に東京府は玉川上水の水源と降雨時の玉川上水混濁の原因究明のため、神奈川県羽村取入口から水源まで調査を実施した。玉川上水が降雨時に混濁する問題は、江戸時代から指摘されていた。この調査にあたった山城祐之は、明治十三年（一八八〇）に松田道行府知事に報告を出し、『玉川泉源巡検記』に著した。これによれば、小河内温泉から下流の万年橋までの間に石灰質の石が多いことを混濁の原因としている。

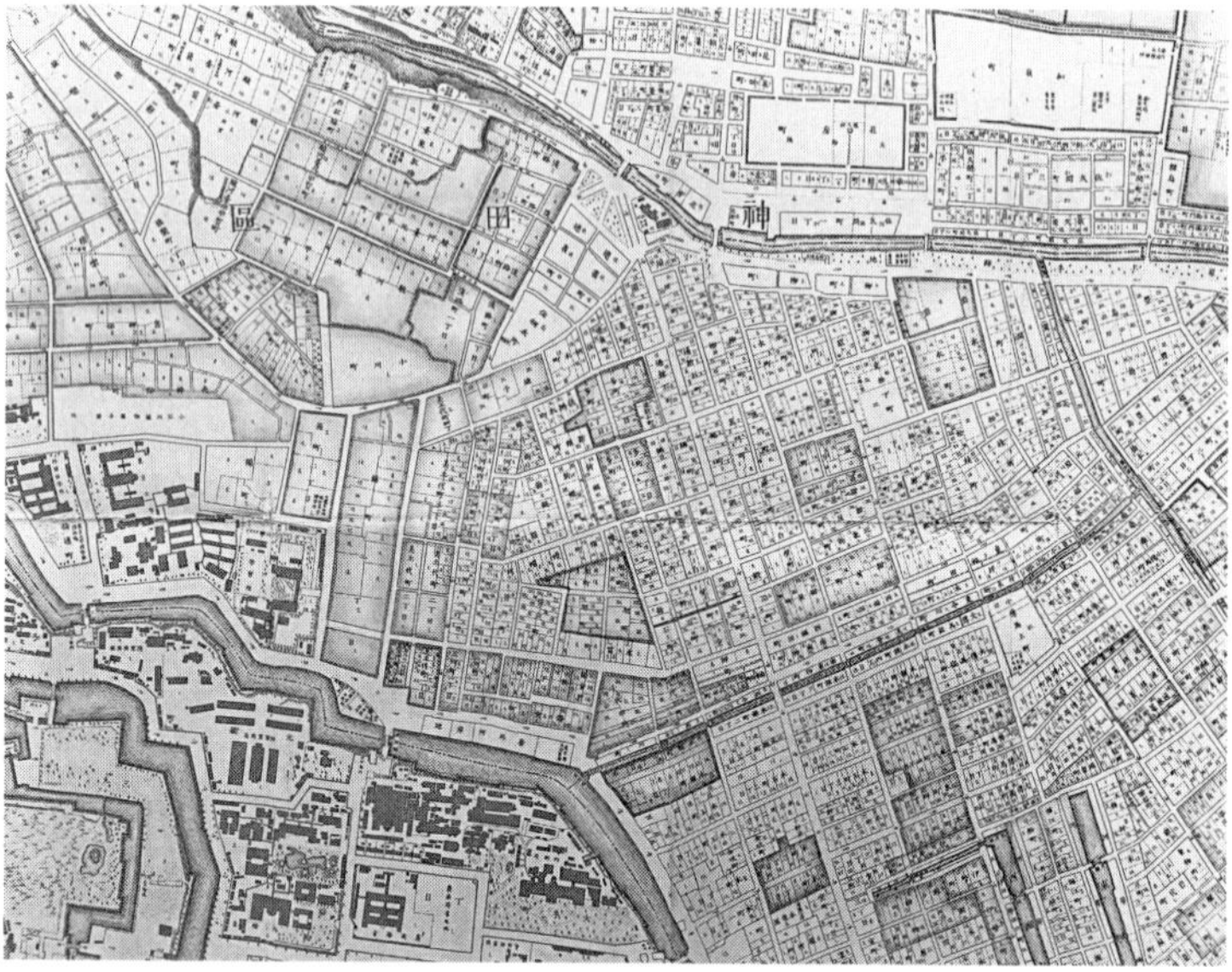

図3―16　掘井の水質調査（年代不明、東京都水道歴史館所蔵）

東京府は上水の水質悪化を受けて、水質試験も開始した。東京府は明治七年（一八七四）～八年（一八七五）に神田・玉川両上水の水質試験を文部省に、明治十年（一八七七）には神田上水の試験を衛生局東京司薬場に委嘱した。いずれの試験結果も両上水ともに水源の水は飲料に問題はないが、市街地の上水は汚染されていると報告されている。また、明治十二年（一八九七）五月から九月にかけて、東京大学理学部化学教授アトキンソンが上水井戸および通常の掘井を、明治十三年（一八八〇）には、同准教授の久原躬弦が井戸水の補完調査を行った。これらの調査でも、木樋が水質を悪化させていることや、市街地の井戸水の汚染が報告された。図3―16は、明治十九年出版された東京市内の地図に掘井の水質状況を彩色して表わしたもので、明治時代の水道担当者が作成したものと思われる。ここに掲載した神田区では飲料に適さない掘井の割合が多いことが示されている。

当初の汚染の対策は、旧幕府時代と同様に、上水を汚濁させる行為（魚取り、水浴び、塵芥の投棄、洗濯など）を禁じた高札の設置や通達、水源取締禁令などであった。しかし、上水路の汚染が深刻になると、東京府は上水路清潔事業計画を実施することになった。この計画にあたり、内務省は明治八年（一八七五）五月、上水路改善の費用を五箇年年賦で返済することを条件に東京府に二万円貸し下げる決定を下した。東京府はこの資金で上水路清潔法を施行し、井の頭池の水源涵養や上水路の悪水流入防止対策にあてた。明治十一年（一八七八）には、市街地の取締りとして「飲料水注意法」が出され、井戸周辺の衛生保持を厳命した。これら対策の他に、市街の樋管の巡視、上水の川底に設置された潜樋を鉄管に改良する計画を立てたという。なお、東京市は改良水道計画事業が決定した際（明治二十三年（一八九〇））に旧水道の修繕について、水道改良工事実施が近いため、樋桝井戸の修理は破損箇所の修理に留めるようにと通達している。近代水道が完成するまで、江戸時代以来の旧水道に頼らざるを得なかったため、補修を繰り返しながら使用された。

東京では上水の水質の悪化に加え、コレラが度々発生して大きな被害をもたらした。明治二十年（一八八七）六月に中央衛生会が発表した「東京ニ衛生工事ヲ興ス建議書」によれば、コレラは明治十年（一八七七）以降、明治十二年、明治十五年、明治十八年、明治十九年の五回流行し、大勢の犠牲者を出した。内務省や東京府は、「虎列刺病予防法心得」「伝染病予防規則」の通達や、防疫に努めたが、発生を止めることができなかった。明治十二年（一八七九）八月には、明治天皇から東京府の衛生資金として、七万円が下賜された。この資金は当時の東京一五区に分けられ、麻布区では明治十三年（一八八〇）

に麻布水道を開設し、東京府では衛生課が設置され、飲料水の水質検査や水源掃除法の改良調査などにあたった。

明治十九年（一八八六）に発生したコレラは全国で流行した。大阪をはじめ各地でコレラ患者が発生したことから、東京での流行を予想した東京府は早期に隔離病院を設置して対策を講じたが、東京市一五区と郡部をあわせて患者一万二一七一人、九八七九人もの死者を出した。この年の八月下旬には、コレラ患者が多摩川上流で汚物を洗濯し玉川上水が汚染されたとの報が東京に伝わり一大事となった。後日その現場は多摩川本流ではないため上水への影響がないことが判明したが、皇居への影響を憂慮した宮内省は、内務大臣に対し一層の取締り強化を申し入れ、内務省は、警視庁、東京府および神奈川県に対し、上水の厳重な取締りを命じた。水源地を所管する神奈川県では巡査を増員して水源の巡視を強化し、東京府では上水使用者に対し、上水を濾過煮沸、それができない者は必ず煮沸するよう触れた。また、このコレラの流出事件は、水源も含めた水道の一元管理の必要性を改めて喚起させ、明治二十六年（一八九三）二月には、神奈川県下三多摩が東京府へと編入されるに至った。

コレラの流行により、水道改良創設に向けての東京の都市整備や、衛生などの観点から議論が高まることになった。

3　改良水道の計画

東京におけるはじめての近代水道の調査および計画案は、内務省がファン・ドールン（土木寮のオランダ工師）に命じて作成させた東京水道の改良計画で、明治七年（一八七四）五月に「東京水道改良意見書」を、さらに翌年二月「東京水道改良設計書」を内務省に提出した。内務省の調査後に東京府も計画を立案することになり、明治九年（一八七六）には東京府水道改正委員会を設置し、上水道の改良方法や費用等を調査した。この調査をまとめたものが、明治十年（一八七七）の「府下水道改設之概略」である。これはドールンの「東京水道改良意見書」および「東京水道改良設計書」を下敷きにしたものといわれている。その後、明治十三年（一八八〇）には、東京府水道改正委員会は「府下水道改設之概略」にもとづいて「東京府水道改正設計書」を起草した。これらの計画案は、いずれも既存の玉川上水を水源とし、沈澄池や濾池などを設けて鉄管で圧送するもので、東京の改良水道の原形ともいえるだろう。このように明治前期には改良水道の計画案が作成されたものの、財政的な問題から実行されなかったため、実際に着手したのは東京の都市改造を計画した「東京市区改正委員会」の調査設計によるものであった。

明治二十一年（一八八八）年十月五日に内務省において第一回市区改正委員会が開かれ「上水改良事業」について設計の調査を技術者に委嘱することを議決した。十月十二日の会議では、「上水改良事業」の設計を衛生工学師のウィリアム・バルトンを嘱託委員の主任とし、ほか長与専斎、古市公威、原口要、山口半六、永井久一郎および原龍太の六氏を委員に委嘱することを決定した。彼らにより十二月に、「上水設計第一報告書」が提出された。これはバルトン案といわれるものである。

同年十二月には、渋沢栄一と大倉喜八郎らが東京水道会社設立および改良上水道敷設計画を内務省に出願した。この計画は前年七月頃から調査がはじまり、横浜水道を手がけたヘンリー・パーマーに設計調査を依頼した。会社設立は不許可となったが、この時の計画書がパーマー案とされるもので後に「東京市区改正委員会」の上水道改良事業に影響を与えた。

明治二十二年（一八八九）三月、東京市区改正委員会の会議において、バルトン等と、パーマーの設計案との比較検討がなされた。さらに、両案をベルリン市水道部長ヘンリー・ギルに検討を依頼し、来日中のベルギーの水道会社技師長アドルフ・クロースにも意見を求めた。

こうして明治七年のドールンの改良意見書および明治八年の設計書以来懸案であった東京の改良水道は、バルトンの設計を中心に、外国人技術者や日本人技術者の意見をも取り入れて、明治二十三年（一八九〇）三月「東京市区上水設計第二報告書」としてまとめられ、同年四月の東京市区改正委員会は「東京水道改良設計書」を決定した。この「東京水道改良設計書」は、全市の人口を一五〇万と設定し、一人一日四立方尺（一一一リットル）の水量を供給することを標準とした。玉川上水から取水し、千駄ヶ谷村に建設し、沈澄池および濾池の浄水設備を有した浄水工場を建設して高地の給水を行い、麻布と小石川近辺には給水工場を建設して浄水池およびポンプ機械を利用して東京市内の低地に鉄管で給水する計画であった。

同じ年の七月には内閣総理大臣の認可を受け、最初の計画案から十数年を経て、ようやく改良水道の工事が開始されることになった。

4　淀橋浄水工場の建設

改良水道の工事は、前述の通り明治二十三年七月にようやく工事認可を受けたが、改良水道通水に至るまでには、反対運動や鉄管納入事件、工事の遅延など様々な問題が発生した。

東京市区改正委員会は、明治二十四年（一八九一）十月七日、古市公威（内務省土木局長）に改良水道

工事の工事長を嘱託し、同年十一月一日、東京府庁内に水道改良事務所を開設した。加えて中島鋭治、小林柏次郎および広川広四郎を水道技師に、倉田吉嗣および原龍太を嘱託技師に、長与専斎およびバルトンを顧問に任命した。

明治二十四年（一八九一）十二月には、工事の設計変更が認可された。この変更は技師であった中島鋭治の主張によるもので、中島が設計書の調査を行ったところ、浄水工場の予定地の南豊島郡千駄ヶ谷村よりも淀橋町の方が地勢上適当であると定め、給水工場も本郷と芝に変更した。さらに玉川上水路から原水を導く新しい水路、玉川新水路の建設も決定し、工事が開始された。

明治二十五年（一八九二）十月二十二日、淀橋浄水工場に関係者およそ三〇〇〇人を招き、改良水道起工式を盛大に挙行した。この起工式のために新宿駅まで特別に列車を運行し、来賓は車窓から工事中の場内を見学したという。列席者には、水道工事の沿革が記された『東京市水道要覧』が贈呈され、有圧鉄管による消防の放水演習のデモンストレーションや、水道用具の展示を巡覧した。この起工式は、当時の新聞や雑誌でも大きく報じられた。

盛大な起工式が開催された一方で、工事の進行に影響を与える問題も発生していた。工事計画が決まる頃に、市民のなかには水道改良の中止を建言する者があり、各区の有志者で中止の建議を提出する者たちがおよそ一万八四二九名もの人数に及んだという。これは、改良水道工事に巨額を投じることや、改良水道技術に対する不信感からの反対運動であった。市会では、明治二十四年（一八九一）十二月に市区改正経済審査委員を設置し、水道改良事業、水料徴収方法および市公債募集等に関する調査結果を綿密に広報し、ようやく明治二十五年（一八九二）四月に、淀橋浄水工場用地の買収を議決した。その後、用地買収

図 3—17　淀橋浄水場用地の測量（明治初期、東京都水道歴史館所蔵）

図 3—18　玉川新水路 代田橋付近（撮影年不明、東京都水道歴史館所蔵）

が開始され、九月には淀橋浄水工場仮事務所を建築、十二月には新水路工事に着手した。翌明治二十六年（一八九三）には、改良水道の工事も本格化していったが、改良水道の建設予定地の用地買収交渉の難航や、鉄管の納入先である日本鋳鉄会社の納入遅延、さらに基準に満たない不合格品の鉄管を不正に納入する事件も発生した。その上、明治二十七年（一八九四）八月には日清戦争のため資材が高騰し、改良工事の材料購入や工事入札にも影響を与えた。このような事情から、当初明治二十八年度の竣工予定であったが、明治二十八年（一八九五）二月に、竣工を明治三十一年（一八九八）九月とすることを決議した（その後、明治三十二年〔一八九九〕九月竣工に再変更）。

図3—19　淀橋浄水場 機関室（撮影年不明、東京都水道歴史館所蔵）

明治三十一年十月一日には市制特例廃止により、東京市が誕生して東京市役所が開庁し、水道改良事務所は東京市水道部と改め、市内給水に向けて加速した。そして、十二月一日から神田区、日本橋区の一部に改良水道の通水を開始した。ただし、この時は濾池が完成していなかったため、沈殿処理した水を希望する者のみに給水した。同月、神田鎌倉河岸の材料置場に出張所を開設し、鉛管取付工事等給水の申し込み受付もはじまった。当時の給水装置から流れだす清らかな水に、東京の人々は感嘆したことだろう。

明治三十二年（一八九九）九月二十日には淀橋浄水工場の濾池が完成して、濾過処理された水が給水されるようになり、同年中には市内全域に給水が及んだ（図3―20）。こうして、沈澄池、濾池、浄水池、ポンプを有した淀橋浄水工場が完成した。これを祝して、同年十二月十七日、淀橋浄水工場において二〇〇〇人以上の来賓を招き、盛大な落成式が開催された。明治二十六年の起工式と同様に特別列車が仕立てられ、淀橋浄水工場が公開された。来賓には、改良水道や淀橋浄水場の概要を記した『東京市水道小誌』が贈呈されたという（図3―21）。

改良水道通水によって、明治三十四年（一九〇一）六月、江戸時代以来の神田・玉川両上水の市内給水を廃止した（但し、東京砲兵工廠は神田上水の給水を受けた）。両上水で使われた給配水設備は役目を終えて石縁桝の縁石は掘り取って埋め立て、木樋などはそのまま放棄された。

創設水道の施設は追加工事がなされ、明治四十四年（一九一一）に一応の完成を見たが、増加する水需要に対応するため、村山・山口貯水池建設をはじめとする第一次水道拡張事業へと進展した。

東京の水道は、明治三十一年（一八九八）の通水から一二〇年の歳月が流れた。淀橋浄水場は昭和四十年（一九六五）に廃止されてその機能は東村山浄水場に移転したが、本郷給水所と芝給水所は施設の更新をして現在も基幹施設として機能し、玉川上水の一部区間は現在も水道原水の導水路として利用されている。明治時代のインフラ整備が現在も東京の水道を支えている。

（吉田悠子）

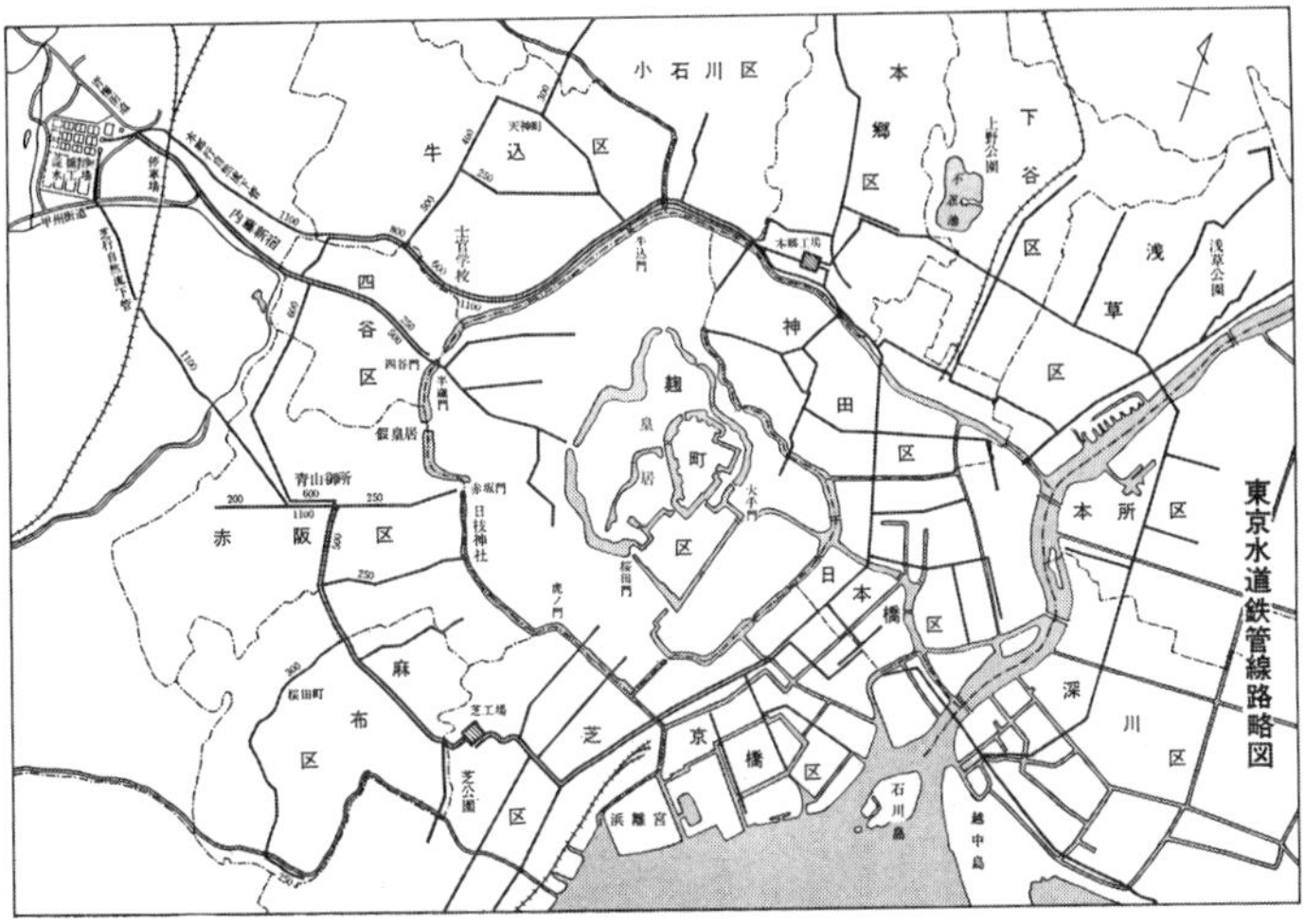

図 3—20　東京水道鉄管線路略図（『淀橋浄水場史』）

図 3—21　『東京市水道小誌』（明治三十二年、東京都水道歴史館所蔵）

5　創設時東京近代水道の構造

明治維新後の近代化は、当然ながら、都市における最重要のインフラの一つである上水道にも及んだ。首都東京においても、水道の近代化は早くに計画されたが、諸般の事情で本格的な稼働にこぎつけたのは、明治でも後半になってからである。ここでは東京で採用された近代水道の実際の施設がどのようなものであったのか、末端の配水施設を中心にみていきたい。

近代水道創設以前（神田上水・玉川上水）の上水施設の改修　江戸が東京と改称されたのは慶応四年（一八六八）のことであるが、明治初年の段階で利用されていた水道施設は、神田上水、玉川上水という、いわゆる江戸の二大上水と呼ばれるものである。神田上水は寛永年間（一六二〇～三〇年代）以前には存在が確認される、井の頭池を水源とし江戸（東京）の北東部を配水域とした上水であり、玉川上水は承応三年（一六五四）完成の、多摩川を水源とし同じく南西部を配水域とした上水である。

この他に明治前期には、玉川上水の分水としてかつて存在し享保七年（一七二二）の廃止後は灌漑用水として利用されていた「千川上水」の旧流路を活用した千川水道（明治十三年～四十年）、同じく「青山上水」の流路に近い麻布水道（明治十五年～十七年）が存在したことが知られている。

江戸時代以来の水道（上水）は自然流下で、なおかつろ過消毒等を施さない点が特徴であるが、明治前期のこれらの水道も、基本的に旧来の技術の水道であった。導水路についても江戸時代同様、開渠（上水堀）、石樋（石造の暗渠）、木樋（木製の水道管）、竹樋（竹製の水道管）が主として用いられている。

しかしながら、旧来の上水の一部では、細部において近代の新たな技術が利用されていたことが知られている。

神田上水は、現在の神田川に設けられた関口大洗堰（小石川区）から取水し、石組護岸を有する開渠で現在の後楽園（旧水戸徳川家上屋敷）に導水されていた。明治になり、周辺の市街化が進んだことに伴い、明治九年（一八七六）、汚濁防止のため、この区間に「巻石蓋」がなされた。現在当地には水路は残されていないが、「巻石通り」という道路名が残されている。「巻石」はいわゆる石組みのアーチであり、この技術によって、ある程度幅員のある水路に石蓋をすることが可能となった。

この他に、末端部では鉄管の使用が確認される。神田・玉川上水段階の水道本管への鉄管の使用は未確認であるが、末端部の従来竹樋が用いられていた所を、耐久性のある鉄管に取りかえた事例が確認されている。

港区汐留遺跡では、玉川上水の木樋の小口に鉄管を直結して桝に導いたものなど、木樋・木

図3―22　木樋に接続された鉄管（汐留遺跡。写真：東京都水道歴史館所蔵）

桝と鉄管が組みあわされた事例が報告されている（図3—22）。北町奉行所から鉄道院になった千代田区東京駅八重洲北口遺跡では、玉川上水末期の木樋側面に、鉄管が直差しされたものがみられた。また、町家である千代田区岩本町二丁目遺跡では、上水井戸につながる竹樋が複数回取りかえられ、最終的に鉄管になった状況が確認されている。

これら明治前半期の水道システム自体は江戸時代以来のものであるが、そのなかにも近代化の足音がわずかに聞こえる状況が、明治初年東京の水道事情であった。

長く江戸・東京の人々に親しまれた神田、玉川両上水であったが、近代東京水道の創設後まもない明治三十四年（一九〇一）についに廃止となり、以後は新しい水道の時代となっていく。

近代東京水道の創設とそのしくみ　東京近代水道のはじまりは、明治三十一年（一八九八）十二月の淀橋浄水場（当初は淀橋浄水工場。以下は淀橋浄水場に統一）の通水開始とされている。明治初年より西欧技術による新しい上水道（当時は「改良水道」と呼ばれた）の構想は明治初年から存在したが、具体化したのは明治二十一年（一八八八）の東京市区改正委員会の設置以降のことである。市区改正委員会は明治二十三年（一八九〇）に「東京市水道設計」を告示し、その具体的方向性を示した。

そこには、千駄ヶ谷村に浄水工場を置き沈澄池・濾池を設けて、浄水を高地には直接喞筒（ポンプ）を用いて配水、低地には自然流下により麻布・小石川の給水工場に送り、喞筒で配水すること、そしてそれらの規模や給水方法、消火栓の数などが具体的に示されている。

実際には、東京市水道改良事務所の中島鋭治の献策により、浄水場の位置はより優位な淀橋の地に変更され、給水所（当初給水工場。以下給水所に統一）も芝と本郷の二カ所に決定されて、具体的な工事が開始されることとなる（図3―23）。

その経緯については前項を参照いただくこととし、ここでは最初に造られた水道がどのようなものであったかについて具体的にみていきたい。

近代水道と江戸上水との違いは、基本的に自然流下のみによって送水していた江戸上水に対し、近代水道はポンプによって加圧配水することによって、より高い位置への送水が可能である点や、天然水をそのまま使用していたものを沈殿・ろ過・消毒することによって水質の保全を図る点等である。

加圧配水を行うため、従来の木樋はより耐圧性のある鉄管に置きかえられた。また水質浄化のための浄水場が設けられ、そこに設置されたポンプにより、直接あるいは給水所を経て各所に配水が行われた。

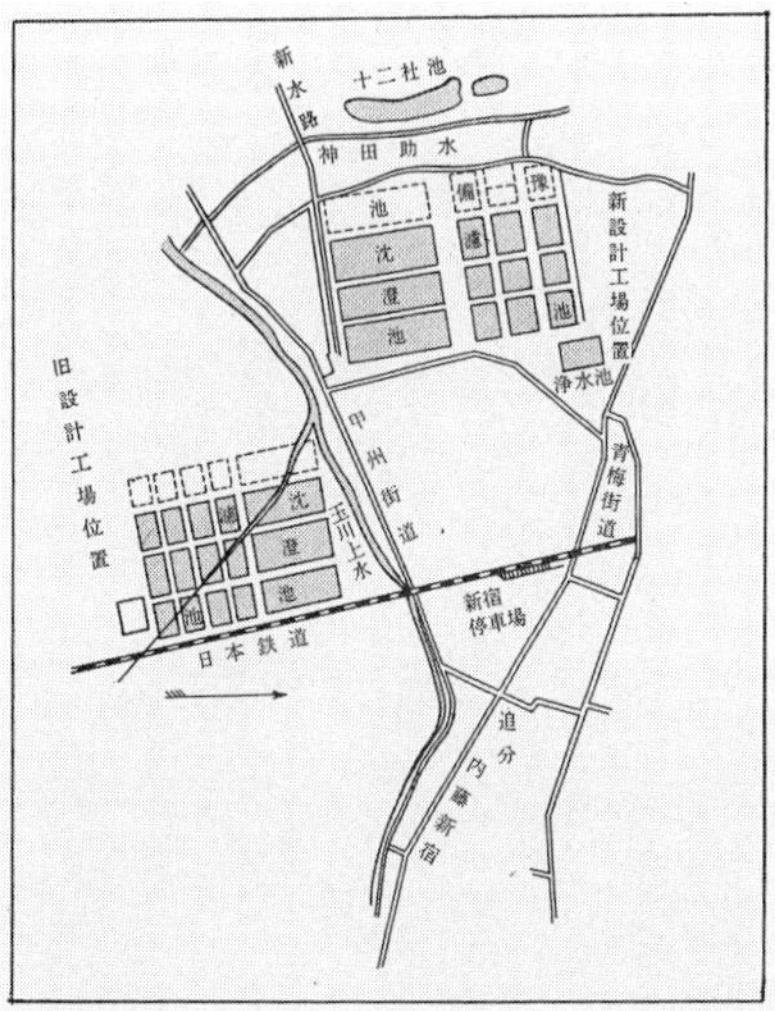

図3―23　浄水場の位置変更（『淀橋浄水場史』）

○取水と浄水場までの導水

淀橋浄水場で使用された原水は、江戸時代の玉川上水の水を利用している。先述のとおり、玉川上水は明治三十四年（淀橋浄水場通水後三年）までは実用に供されており、これをそのまま都心の新水道に活用したものである。

その取水口は羽村堰であり、多摩川を堰き止めて上水堀に導水している。堰やその周辺は近代以降は複数回の改修が行われた模様であるが、投渡堰（増水の際に堰の丸太を落として通水する堰）という江戸時代以来の構造は現在もなお残されている。

水路部分は、上流域ではおおむね江戸時代の流路を踏襲したが、南豊島郡代田村以東については、新たにコンクリート造りの直線水路を設けた（玉川上水新水路）。余水は神田上水および玉川上水下流に排水している。

○淀橋浄水場（図3―24・25）

淀橋浄水場は、東京近代水道の中核となる施設である。現在の都庁・新宿中央公園付近にあり、九万六五八坪（三〇万平方メートル弱）の広大な面積を占めていた。

『淀橋浄水場史』によれば、浄水場には初期に、以下のような施設があった。

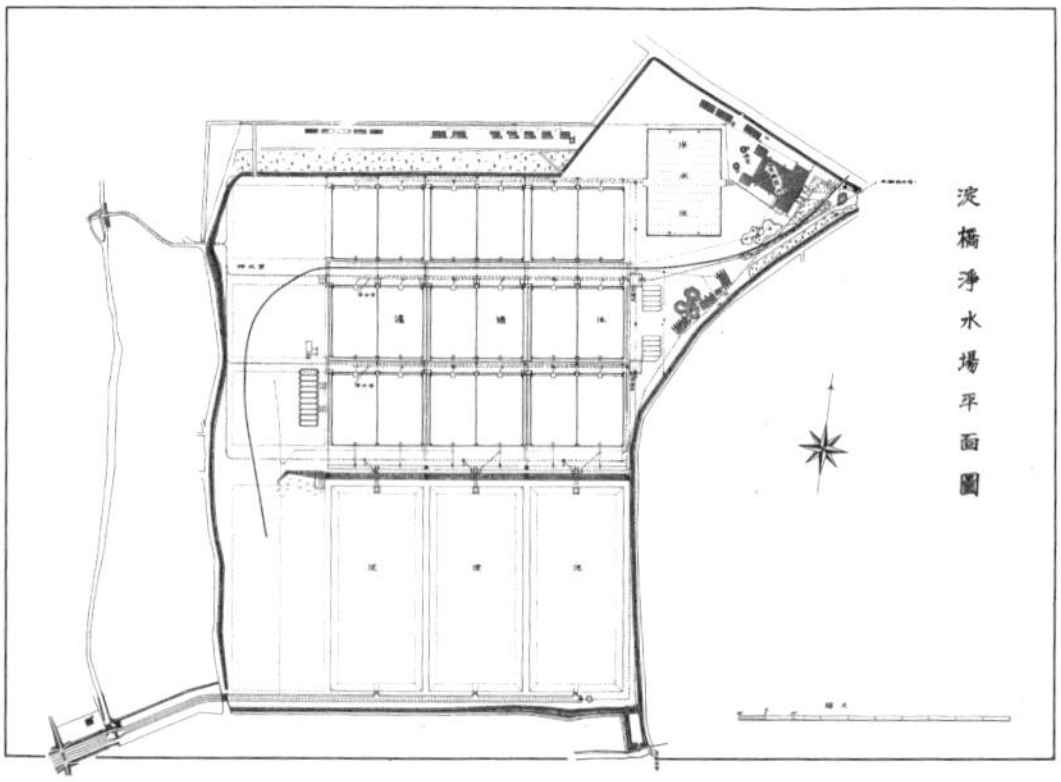

図3―24　淀橋浄水場（『淀橋浄水場史』）

図3―25　淀橋浄水場（東京都水道歴史館所蔵）

・沈澄池：四面。原水を蓄わえ、不純物を沈殿させる施設。
・濾池：二四面。床に玉砂利、砂利、砂を敷き、沈澄池からの水をろ過する施設。
・浄水池：一個。ろ過された浄水を蓄える施設。ここから喞筒で各所に排水する。
・機関室：ランカシャー式汽罐一二個を六個ずつ交互に使用（うち各二個は予備）し、ウォシングトン型四台（うち一台は予備）の喞筒（ポンプ）を稼働。ここで水圧を掛けて配水した。グリーン式節炭機二組も設置されていた。

淀橋浄水場でろ過した浄水は、鉄管を用いて高地部へは直接、低地部には本郷・芝の両給水所を経て各所に送られた。明治三十一年（一八九八）十二月の最初の通水は、日本橋区・神田区の一部のみであり、またろ過未了の沈殿水であったが、その後給水地域は順次拡大し、濾池も完成して、明治末年にはこれらの水道改良事業はおおむね完成をみた。

上水鉄管の敷設　近代水道の重要な素材に水道鉄管がある。江戸上水は幹線部分を石樋、次いで木樋、竹樋が水量に応じて使い分けられていたが、近代東京水道では、これらがいずれも鉄管に置きかえられた。

東京水道の配水管敷設は明治二十七年（一八九四）から開始されたが、翌年有名な「鉄管不正納入事件」が発生する。

東京水道で使用する鉄管は四万五〇〇〇トンと膨大な量に及び、その調達は当初から問題とされていた。陶管採用の主張、内国外国品いずれを採用すべきかなど議論百出であったが、最終的に内国製品を採用ということになり、明治二十六年に日本鋳鉄会社と契約が結ばれた。

ところが、実際に製造・納品の段階になると、当時の技術の未熟さもあってか、鉄管表面に鋳出す徽章の変更問題や納期の遅れなどが顕在化し、調達は思うように進まない状態となった。そして市参事会の総辞職や、契約変更などの混乱が起きるなかで発覚したのが鉄管不正納入事件である。

不正の内容は、日本鋳鉄会社が、納入した鉄管のうち検品不合格とされて返却された品に、合格を示す徽章を嵌め込んで合格品に偽装し納品したというものであるが、先の諸問題とも絡んで、その責任をめぐって一大政治問題となったのである。最終的には市会の解散、東京府知事の辞職にまで発展し、特別市撤廃の一因となったともいわれる。

工事においても、埋設済み鉄管の敷設がえなど大きな影響を受けた。調達の危ぶまれた鉄管は、スコットランドのマクファーレン・ストラング社およびベルギーのリェージュ市水道鉄管会社製の鉄管を輸

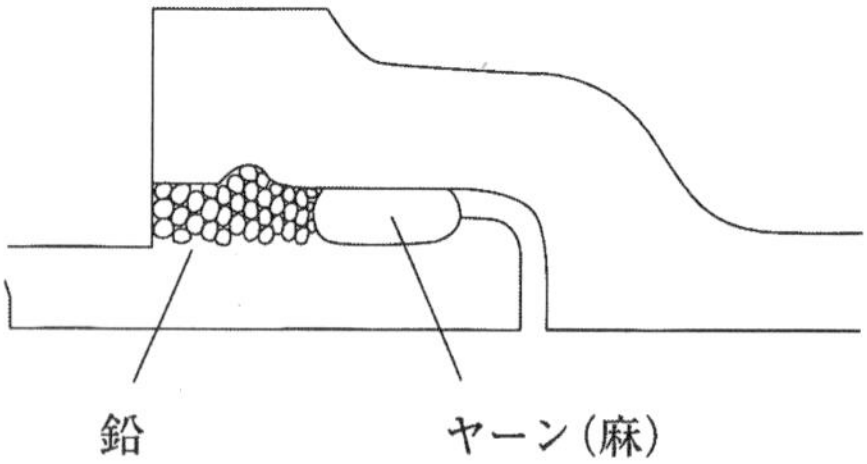

図 3—26　鉄管の継手構造（『東京近代水道百年史）部門史』

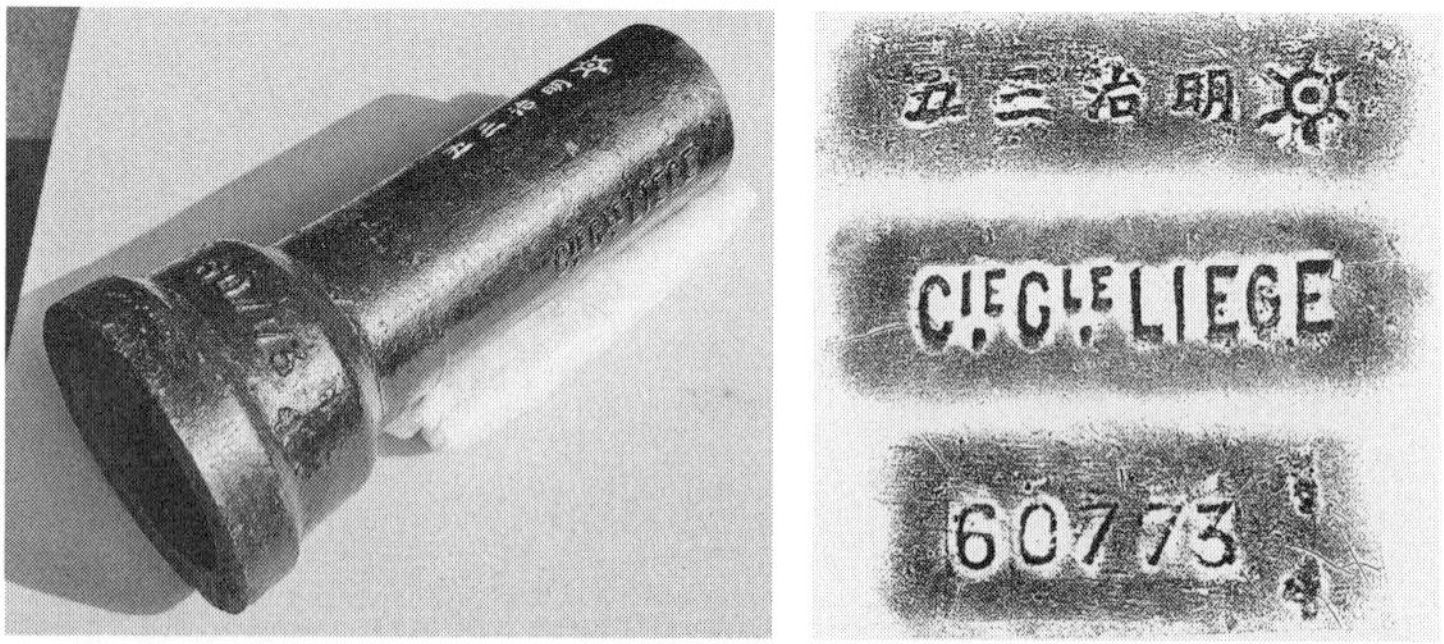

図 3—27　初期の鉄管（東京都水道歴史館所蔵）

入して対応し、結局初期段階の鉄管はその多くが輸入品で占められることとなった。

当時の鉄管は、印籠継手と呼ばれる構造のもの（ソケット式・C形とも呼ばれる）で、鉄管の一端にソケットを有し、そこに他の一端を挿入してヤーンと呼ばれる麻の繊維と鉛を使って止水するものである（図3—26）。鉄の鋳造品であり、普通鋳鉄管と呼ばれる。表面には防錆のためコールタール系の黒色塗料が掛けられていた。

東京水道に納入された鉄管には、表面に東京都の都章および製造年、番号、製作会社名（略号）などが陽出されている。図3—27の鉄管は明治三十五年銘のリェージュ市水道鉄管会社製のもので、ソケットの手前に右書で都章および年、ソケット部分に横位に番号が鋳出されている（表面の塗装は後補）。

内国産の鉄管も次第に技術が上がり、明治三十二年からはじまった市中鉄管敷設の第二期工事からは採用が進み、徐々に多くを占めるようになった。これら内国産の鉄管は、表面に記された記号から知ることができる（図3—28）。

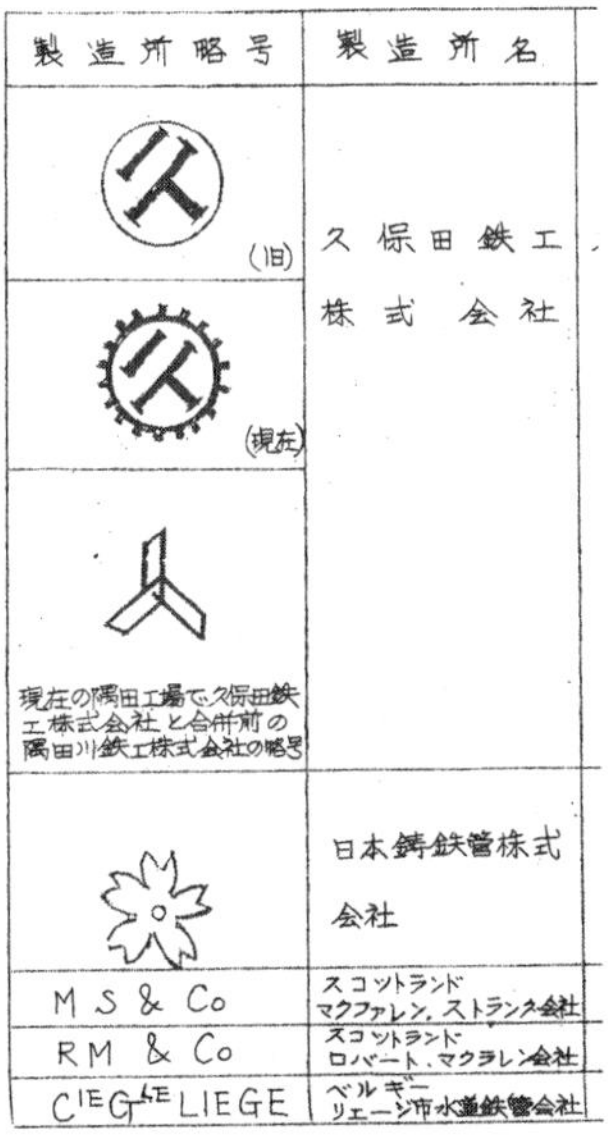

図3—28　鉄管の刻印の例（『各年代水道用鋳鉄管規格収録書』）

材質も当初は銑鉄を用いたが、次第に銑鉄中の炭素割合を減じた高級鋳鉄、その後含有炭素を球状化して強度を増したダクタイル鋳鉄へと変遷している。継手の構造もメカニカル継手など様々な技術が開発されるが、いずれも大正期以降のことである。

市内での給水　鉄管で配水された水道

図3—29　蛇体鉄柱式共用栓（東京都水道歴史館所蔵）

図3—30　量水器（東京都水道歴史館所蔵）

は、市内各所に給水される。給水管は鉄管のほか、口径五〇ミリ以下の給水管には鉛菅が用いられていた。創設当初は一般家庭では年間定額の「放任給水」が中心で、各戸に設けられる専用栓のほか、複数の利用者が共用で利用する共用栓も多かった。東京水道初期の共用栓としては、鉄柱型で吐水口に龍の飾りのついたもの（蛇体鉄柱式共用栓・図3—29）が知られている。当初は、放任給水に関わる給水施設は水道部直営施工であった。

利用量に応じて料金を徴収する「計量給水」は官公署・学校・妙院等の多量使用者と噴水があり、こちらは給水管に量水器（水道メーター）が必要であった。量水器は東京水道では明治三十一年にドイツのシーメンス社から購入したものが最初といわれるが、明治期には計量給水が少なく、国産品の技術も未熟だったことから、もっぱら輸入品でこれをまかなっていた（図3—30は明治三十八年採用のドイツ・マイネッケ製品）。東京水道で国産品が使われるようになるのは大正期以降である。

この他、忘れてならないのが消火栓の存在である。近代水道の重要な役割の一つに防火がある。消火栓は明治二十三年の「東京市水道設計」では市内四四五〇個（他に共用栓を兼ねるもの七〇個）が計画され、実際には四六〇〇個が設置された。淀橋浄水場通水の前後で、東京市の火災件数は三分の一に激減したという（各三年平均、『東京近代水道百年史通史編』による）。

明治三十一年の淀橋浄水場の通水にはじまる東京近代水道は、浄水場で沈殿・ろ過した浄水を加圧し、鉄管により配水する全く新しい形のものであった。一方で、その水源には玉川上水の水路を利用し、自然流下の活用により送水効率を上げるなど（浄水場の位置変更はこれも大きな理由の一つであった）、旧来から受け継がれてきたものも活かされている。

とはいえ、その技術の多くは西欧からのものであり、当初はその設備・装置についても輸入品に負う部分が多かった。とくに鉄管は当初段階では内国産品のトラブルにより大部分を輸入に頼らざるを得ず、計画にも支障をきたした。

多くの困難を経て、明治も三十年代に至ってようやく完成した東京水道であったが、その完成時には、すでに給水量の不足が指摘されていた。こののち大正二年（一九一三）にはじまる村山・山口貯水池の設置を主眼とする「第一水道拡張事業」以降、数次にわたる拡張事業により東京水道は大きな発展を遂げていくこととなるが、その基礎となったのは淀橋浄水場を中心とした明治期に培われた技術であったことは

図 3—31　完成時の銀座通（『銀座』資生堂化粧品部大正 10 年）

疑いない。

他にも、ここでは触れなかったが、明治三十四年に始まり現在も続く東京府（都）による水道水源林の経営は、水を守るために森を守るという、環境保全にもつながる先駆的な事業として特筆されよう。

東京の水道技術や様々なノウハウは、関東大震災や戦災、度重なる渇水などを経て、その後もさらなる改善を遂げて今に受け継がれている。そして現在、東京水道は世界で稀にみる規模、そして安全性を誇る事業となった。平成三十年には、東京を舞台に国際水協会（ＩＷＡ）世界会議・展示会が開催されたが、世界にアピールし得る東京近代水道のはじまりは、この明治という時代にあったといえるだろう。

（金子智）

三　銀座煉瓦街と文明開化

銀座煉瓦街は、明治政府が成立して政権がはじめて試みた首府東京における都市改造であった。明治五年二月二十六日（一八七二年四月三日）、江戸城和田倉門内兵部省添屋敷から出火した火災は銀座から築地一帯を焼き尽くし、その跡地に煉瓦街が建設された。銀座は、政府機関がある丸ノ内地区に隣接し、商業・金融の中心地日本橋と臨海部の築地外国人居留地に囲まれ、その中心に位置し、しかも、外国との貿易港横浜から東京新橋を結ぶ鉄路が完成間近であった。

明治五年の大火後、明治政府が直ちに銀座地区に煉瓦街の建設を試みたのは、明治四年に政権が廃藩置県を断行し、その基礎が固まった時期にあたったことを背景に、政権運営に欠かせない二つの課題の解決にあった。一つは、火災の多発に何としても終止符を打ち、首府東京の中心地に不燃都市の建設することであり、もう一つは不平等条約下にある日本にあって、欧米先進国に追いつき追い越すという課題実現の一手段として西欧の都市に匹敵する市街の建設を試みたことである。明治五年の大火は政府に絶好の機会を与えることとなった。

1　幕末～明治初年の銀座の火災

江戸時代、江戸において火災が頻発したことはよく知られている。幕末から明治初年に至る一〇年間、すなわち文久元年（一八六二年）から明治五年（一八七二）までの間に銀座地区を襲った火災は実に六回を数えた（斉藤月岑『増訂武江年表』2　東洋文庫118）。
一、文久元年十二月十二日（一八六二年一月十一日）夜五時過ぎ、京橋与作屋敷より出火、水谷町、金六町、白魚屋敷、銀座一丁目まで焼く。現在の銀座一丁目東側にあたる。
二、文久二年十月九日（一八六二年十一月三十日）夜九時頃、西紺屋町河岸通りより出火、尾張町まで焼ける。西紺屋町は外堀沿いの細長い町で銀座二丁目から四丁目までが範囲であるので、出火場所が何丁目に当たるかわからないが、堀沿いに銀座五丁目の銀座通りに達する火災であった。
三、慶應三年五月八日（一八六七年六月十日）明け方、惣（宗）十郎町から出火。内山町、滝山町、竹川町、守山町まで長さ一町半、幅五〇間ほどを焼く。現在の銀座七丁目から六丁目へ延焼し、外堀に達した。
四、明治二年十二月二十七日（一八七〇年一月二十八日）午前一時頃、元数寄屋町の米屋から出火、南鍋町、南佐柄木町、山下町、加賀町、八官町、山城町、丸屋町に達し、新橋が焼け落ち、汐留、芝口三丁目まで焼けた。いっぽう火は鎗屋町、銀座四丁目から木挽町に達し、長さ九町、幅平均して四町半ほどに及んだ。焼失町三一か町、焼失家屋三四〇二戸、死者二二名を出した。現在の銀座の南半分が焼失した。
五、明治五年一月十五日（一八七二年二月二十三日）午後七時頃、日吉町より出火、出雲町に延焼し、間もなく鎮火。現在の銀座八丁目西側に当たる。一七七戸全焼。
六、明治五年二月二十六日（一八七二年四月三日）銀座煉瓦街建設のきっかけをつくった世にいう銀座大火である。この日は早朝から烈風が吹き荒れ、砂礫が舞う天候であった。午後三時頃、江戸城和田倉門内の兵部省添屋敷（元会津藩邸）から出火、烈風にあおられ、火は瞬く間に銀座方向へ燃えひろがり、銀座六丁目の一部と七、八丁目を除いて銀座全域、ならびに築地一帯を焼き、隅田川に達して漸く鎮火した。この火事で焼失した町名を挙げると、銀座一～四丁目、尾張町新地、尾張町一～二丁目、三十間堀一～三丁目、京橋水谷町、金六町、南紺屋町、弓町、西紺屋町、新肴町、弥左衛門町、鎗屋町、元数寄屋町一～四丁目、南鍋町一～二丁目、滝山町、采女町、築地二～三丁目、南小田原町一～四丁目、南本郷町、上柳原町、南飯田町、松村町、大富町、さらに外国人居留地の一部に及んだ。この火災で築地本願寺と築地ホテル館も焼失している。その被害は東京都公文書館所蔵の「壬申正院御用留」によれば、焼失町四一か町、焼失家屋のうち「市店」四八七九戸、官員其の他の邸宅三四か所、諸官省一三か所、諸藩邸跡六か所、寺院五八か寺、死者八名（うち消防士一名）、罹災者はじつに一万九八七二名にのぼった。

このように幕末から明治五年にかけての一〇年間で六度の火災があり、とくに明治二年十二月と明治五年一月と同二月の火災を重ねてみると、火災は銀座全域に及び、焼失家屋は実に八四〇〇戸にのぼる。政府が危機感を強めた理由はこの数字からもわかる。

なお、銀座通りの一等煉瓦家屋の建設がはじまった明治六年（一八七三年）二月二十日十一時頃、南佐柄木町一丁目三番水油商物置より出火、南鍋町一丁目、同二丁目、八官町、加賀町、惣十郎町、滝山町。山城町、山下町など四三〇戸が焼失している（「京橋以南煉化家屋建築要録」）。この地域はほぼ明治五年二月の大火で焼け残ったところであった。

2　煉瓦街の建設

政府は二月二十六日（四月三日）の火災の日から六日目の三月二日（四月九日）に町触を出して、煉瓦家屋の建設を宣言した。なお、以下の煉瓦街の建設に関する引用資料は断りのない限り、『銀座煉瓦街の建設』（都史紀要三、東京都）および東京都公文書館所蔵の銀座煉瓦街建設関係文書による。引用の場合、読み下し文にあらためる。

今般府下家屋建築の儀は火災を免れべきのため追々一般煉化石を以て取建て候様致すべき旨仰せ出され候については、いずれも篤とその御趣旨を相弁え申すべく候。右家屋の儀は先前より塗家土蔵造に致し候様、厳しく申し渡し置き候趣も之ありの処、兎に角従来の宿習にて毎々火災に遇い候は当然の様相心得、更に家屋築造の方法等に注意候もの之なく、専ら一時を凌ぎ候家作にて甚だしきに至りては柿葺きのみの場所もこれあり、それよりして飛火所々へ相移り、従って消防も行き届き兼ね候場合に立ち至り、就中去月二十六日類焼町々の如きは巳年火災後間もこれなく、又々現今の姿に相成り、実に以て容易ならざる事に候。

さらに続けて、道幅を広げて煉瓦家屋を建てるが、費用もかさむところは迷惑のかからないようにするので、本建築にしないように心得よ、というものであった。

前例のないことであったので、工部省雇いの外国人技師たちに建築方法を問いあわせた結果、お雇い外国人フロラン、ブラントン、スメドリー、マコービン、ウォートルスの提言のなかから大蔵大輔井上馨の推薦をうけたウォートルスの案を採用し、その設計施行監督をウォートルスに任せることとした。

3　ウォートルスの足跡

トーマス・ジャームス・ウォートルスについては日本における足跡以外はほとんど知られていなかった。国籍、出身、海外での活躍、終焉地などについては謎に包まれていた。三枝進は海外調査をすすめ、

図 3―32　「鉄道馬車往復京橋煉瓦造ヨリ竹河岸図」歌川三代広重画（中央区立郷土天文館蔵）

ほぼその全容を明らかにした。その成果は『謎のお雇い外国人ウォートルスを追って―銀座煉瓦街以前・以後の足跡』（銀座文化研究別冊、銀座文化史学会、二〇一七年）にまとめられている。それによると、ウォートルスは、一八四二年（天保十三）、アイルランドのオファーリー州パーソンズタウン（現バー）で父ジョン・ウォートルス（医師）と母ヘレナの長男として生まれた。グラスゴーやアバディーンで製図工として働き、一八六〇年（万延元）頃香港や上海に来ていたようで、一八六四年頃、長崎にいたトーマス・グラバーの斡旋で来日したとされる。一八六五年から六七年にかけて奄美大島の薩摩藩洋式製糖工場を建設、ついで鹿児島の薩摩藩集成館内に洋式紡績所を建設し、その実績をかわれ、翌六八年（明治元）に政府の造幣寮雇となり、大阪造幣寮の建設にあたり、一八七〇年には造幣寮泉布館（天皇・貴賓の宿泊所、現存）を完成させている。

明治五年（一八七二）、銀座煉瓦街の建設にあたり大蔵大輔井上馨の推薦で設計監督者（大蔵省雇）として建設にあたった。煉瓦街完成の目途がついた明治八年二月に満期解雇となり、明治十年に一旦英国に帰国するが、その後、上海を拠点に建築設計や不動産業を営んだ。明治十八年にニュージーランドに渡り鉱山開発の仕事に従事したのち、明治二十四年には一家をあげてアメリカ・コロラド州デンヴァーに移住、ここがウォートルス終焉の地となった。

煉瓦家屋の建設は、まず東京府建築掛により区画整理からはじまった。銀座通りを一五間（二七メートル）に、横丁を一〇間（一八メートル）にし、裏通りを三間（五・四メートル）とし、それぞれに面して一等煉瓦家屋、二等煉瓦家屋、三等煉瓦家屋を建設することとし、銀座通りは車馬道と歩道に分けた。三月中に道路拡張の杭打ちを行い、京橋際から煉瓦家屋の建設に着手した。しかし早くも建設工事は同年六月に大蔵省所轄の建築局に移管され、東京府の手を離れた。したがって現在、東京都公文書館が所蔵する銀座煉瓦街関係文書のなかに煉瓦家屋建築に関する細部の文書はほとんどなく、その大部分は、区画整理、仮家作住人の立ち退きと苦情処理、払い下げ・譲りかえ、建築費回収に関するものである。

4　煉瓦の供給

俄かに起こった煉瓦街の建設は難問続きであった。まず大量に必要となる良質の煉瓦石の調達の問題であった。当事者にとってその煉瓦をいかに調達するかは最大の悩みであった。煉瓦家屋建設の話が伝わると、深川方面の弱小の瓦製造業者が煉瓦製造に転換するものが続出したというが、経験不足から劣悪な製品が多く、煉瓦街建設の需要をみたすものではなかった。そこで東京府は、大阪造幣局の建設などで実績のある大阪府に申し入れて、関西方面の業者に製造を募ったが、応募する者がなかったようで、関西からのルートは閉ざされた。そこで有力商人であった日本橋馬喰町の大村彦兵衛、同堀江町の鹿島万兵衛、西村勝八の申し出を受けて、元小菅県庁のうち町会所として管轄していた三万坪ほどの旧町会所籾蔵跡の土地の一部へ竈を築き煉瓦を焼くことを許可した。ところが、洋風竈に慣れていないので製造の延期を願い出るなどして、結局五年十二月、最終的に川崎八右衛門が引き受けることになり、翌年二月にウオートルスの指導のもとホフマンの輪竈を築いて軌道にのせることになった。これが小菅の煉瓦製造所である（『銀座煉瓦街の建設』都史紀要三、東京都、昭和三十年）。

一方、小規模の民間煉瓦製造業者からも煉瓦を調達していたことは知られているが、具体的にどこの業者から購入したかを示す資料はほとんどないといってよい。ここに紹介する田中家の事例は数少ないものの一つである。田中家は、明治二年二月、武蔵国舟方村八番屋敷（現・北区堀船四丁目）において煉瓦石製造所を創業した。舟方村は隅田川に面した舟運に適した場所であった。

明治三十五年十一月二十八日付の「明治二年創業以来調書」（『堀船地区田中煉瓦文書調査報告書』平成二十二年三月、東京都北区教育委員会）によれば、仕様法、竈の構造、燃料、製造高および製造価格がわかる。

　現時仕様法
一　畑真土或ハ粘土ニ真砂ヲ調合シ、水ヲ混シ、鍬ヲ以テ功返シ、足ニテ踏附ケ、打チ能ク練揚、壱個ゴト型ニ詰メ、天日以テ乾燥シ、竈ニ容レ組立、火炎通能ク致シ焼揚ケ煉瓦石ト成ル
　竈ノ構造
一　角竈九尺四方　高サ壱尺　四方焚口　七千本詰松薪以テ焚
　明治弐年三年迄使用ス、（七拾弐時焼揚ケ）

一　瓦竈ニ改良ス、三千弐百本詰メ（拾四時間焼揚）
明治四年明治拾年迄使用ス

以上のような製法で製造された煉瓦の、創業時から明治十年までの製造高、販売先、価格等については表3―3のとおりである。明治二年、三年は工部省に納入し、明治四年から六年まで木挽町建築局へ納入した事になっている。木挽町建築局は銀座煉瓦街の建設を担当した部局であるが、明治四年は銀座大火以前のことであり、納入された煉瓦が煉瓦家屋の建設に使用されたことはありえず、明治二、三年と同じく工部省へ納入されたのではなかろうか。銀座煉瓦街の建設が明治五年半ば以降であるから、明治五年および同六年に木挽町建築局に販売した計七〇万本の煉瓦はおそらく銀座の煉瓦家屋に使用されたものと推定できる。明治七年以降木挽町建築局の名がないのは、小菅の煉瓦製造所の

表3―3　田中煉化石工場 煉化石販売先一覧

年		販売先	製造高（万）	価格（円）／万本	売上金（円）
明治2	（1869）	工部省	21	50	1150
明治3	（1870）	工部省	18	50	900
明治4	（1871）	木挽町建築局	35	50	1750
明治5	（1872）	木挽町建築局	40	50	2000
明治6	（1873）	木挽町建築局	30	50	1550
明治7	（1874）	板橋火薬製造所、印刷局、抄紙課	55	70	3850
明治8	（1875）	王子製紙会社、小石川砲兵工廠、上野博物館	33	70	2300
			30〈磨〉	80	2400
明治9	（1876）	小石川砲兵工廠、王子抄紙課、外市中	65	67	4355
明治10	（1877）	築地再建所、砲兵工廠、外市中	79〈異形並〉	70	5530

ホフマン型の輪竈による煉瓦製造が軌道にのったためであろう。

『郵便報知新聞』明治八年五月十日の記事で木挽町一丁目（銀座一丁目）紀伊国橋脇の河岸地が運ばれてきた煉瓦の荷揚げ地の一つであったことがわかる。煉瓦が積んであった空き地に昼寝をしていた近くの湯屋の雇人が足で煉瓦を崩したか、崩れた煉瓦の下敷きとなり、悲鳴をあげたところを周囲の人に助けられ一命をとりとめたという。大量の煉瓦は三十間堀の河岸地に陸揚げされていたものと思われる。

煉瓦家屋の建設は、京橋際の銀座一丁目の銀座通り沿いの一等煉瓦家屋からはじまり、二、三等煉瓦家屋一四四二戸すべてが完成するのは明治十年六月であった。

5　煉瓦家屋の評判

それまでの日本にない西欧風の煉瓦街は、物珍しさもあって、たちまちのうちに東京名物となった。そこに住む人々の思惑とは別に、新聞、雑誌、錦絵、書籍などに東京の繁華の象徴、文明開化の象徴として描かれるようになった。銀座通りの一等煉瓦家屋が完成して間もない明治七年六月に出版された服部誠一著『東京新繁昌記』には、「二層の高楼、陸続巍峨として蒼空に聳ゆ。其高大なるや、専ら洋風の築造を模擬し、巨万の煉石を積んで高さ数十尺に及び、四壁一本柱を用ゐず、亦一塊の土を塗らず。積んで漸く巨室をなし、白亜を以て前面を塗る」、「石室は即ち英京の倫敦を模し、街道は即ち仏京の巴黎に擬す。亦何んぞ万里の波濤を越え其国都に到るを用ゐん」として、銀座を「開化の大将」であり、「真に都中の都にして繁華中の繁華と称すべきなり」と絶賛している。また、明治十一年三月刊行の由利兼次郎編『東京自慢』には、「各商社ハ軒ヲ並ヘテ実ニ清潔美麗ナルコト人目ヲ驚カスノ極点ニシテ自然異域ニ入ルノ念ヲ動発セシム。夜ハ瓦斯燈ヲ以テ尚昼ノ如ク、人民ノ往復頗ル盛ニシテ昼夜人跡ヲ絶ツノ間ナク、実ニ東京第一ノ街巷ナリ」としている。

一方、外国人の感想についてみると、明治五年来日のフランス人法律顧問ジョルジュ・ブスケは、来日当時銀座大火を実際にみているが、完成した煉瓦街を「煉瓦と漆喰でき、アーケードと街灯が設けられ、確かに美しいが東洋的な趣きの全くないギンジャ（銀座）と言われる通りに立つとき、何という裏切られた気持ちになるだろうか」と失望を隠さない（『日本見聞記』1）。彼が期待したのは日本風の壮大さであった。

ブスケより十数年後に来日したフランスの海軍士官ピエール・ロチは多感な詩人、小説家として知られているが、明治十八年十月、日本政府から舞踏会の招待を受けて東京に向かい、新橋駅に降り立って、はじめてみる銀座通りの印象は、「私たちはロンドンか、メルボルンか、それともニューヨークにでも到着したのだろうか？　停車場の周囲には、煉瓦建ての高楼が、アメリカふうの醜悪さでそびえている。ガス燈の列のために、長い真っ直ぐな街路は遠方までずっと見通される」（ピエール・ロチ「日本の秋」『世界教養全集』七、村上菊一郎・吉氷清訳、昭和四十五年）というもので、東洋的なエキゾシズムを期待していたロチにとって重厚さに欠けた植民地風の街並みは「醜悪」にみえたのである。

6　煉瓦家屋の払下げと家屋所有者の動向

表3—4は年次別煉瓦家屋の払い下げ数である。一等煉瓦家屋は明治七年末にはほぼ完成している。二等煉瓦家屋は明治七年初頭から建設がはじまり、ついで三等煉瓦家屋に着手、全体が完成するのは明治十

年六月である。家屋の払い下げはできあがったところからはじまったが雨漏りはする、湿気が凄くて乾物屋など商売にならない、日本家屋に住み慣れた住民にとって煉瓦家屋にはなじめない等々の理由でなかなか買い手がつかなかった。買い手がついたとしても、資力に乏しく「上納金」を延滞して家屋を返上するものが多かった。

表3—4　煉瓦家屋の払い下げ家屋数

	1等家屋	2等家屋	3等家屋	合計
明治6年	170	2		172
明治7年	66	160	117	343
明治8年	3	198	194	395
明治9年	2	118	39	159
明治10年		54	60	114
明治11年	1	78	27	106
明治12年		31	7	38
明治13年		21	43	64
明治14年		9	31	40
明治15年		5	6	11
合計	242	676	524	1442

東京都公文書館所蔵「一等煉化家屋払下帳」、「二等家屋払下帳」、「三等家屋払下帳」より集計（野口孝一著『銀座物語』より）

東京府知事楠本正隆が内務卿大久保利通と大蔵卿大隈重信に宛てた「煉化家屋所在地処分之伺」のなかに空家の状況がうかがえる。

京橋以南官築煉化家屋ノ内、大道リ筋一等家屋ヲ除クノ外、落成後曽テ払下ゲ人無之家屋、一旦払下ケタルモ上納金ノ差支等ヨリ再ヒ空家ニ帰セシモノ目下概ネ三百六十余戸有之、右ハ前年来空家ノ多クシテ該知ノ衰度ニ赴クヲ苦慮シ屢々稟議決裁ヲ乞ヒ払下規則ヲ改定シ漸次納金ヲ緩ニシ、区吏等ヲシテ百方説諭ニ及ビ夫々居住人ヲ勧誘候へ共実際空家ハ増加スルモ減少スルノ景況ナク、官ヨリ支給スヘキ地代ノ金額ハ月々増加シ、其空家タルヤ、窓壁硝子戸等漸々破損ヲ来シ、市街ハ寂莫トシテ路上自カラ不潔ヲ生シ、其不体裁ハ申迄モナク、偶々該地ニ居住セシモノアルモ、近傍空家多クシテ人口寡少ナルヲ以テ生計営ムニ由ナク、竟ニ他ニ転移シ又々空家ヲ生スルノ勢ニ有之、……（以下略）

明治十年の段階で一等煉瓦家屋はほぼ完売しているのに対し、二等煉瓦家屋が五四戸、三等煉瓦家屋が六〇戸の合計一一四戸に買い手がつかない状況であった。そこで東京府は大蔵省と相談の上、「煉化家屋払下ケ規則」を改定し、同十年三月より一五〇カ月賦にし、払い下げ希望者の負担を軽減する措置をとったが、明治十年はじめの段階で二等煉瓦家屋が一九八戸、三等煉瓦家屋が一七四戸、合計三七二戸が空き家状態であった。以下合計数で示すと、十一年二五八戸、十二年一五二戸、十三年一一四戸、十四年五〇戸、十五年一〇戸で、一六年に至り空き家は解消したことになる。

空家のまま放置すれば、劣化は避けられず、東京府は空家対策に悩むことになる。その対策の一つとして求めに応じて見世物興行を認めることとした。

銀座四丁目には明治八年五月二日に小寺金作なる人物が貝細工の見世物を出し、一二時から夕方までに一七〇〇人の観客があったというし、六月には銀座一丁目の料理店松田の隣に高宮浅吉なる人物が紙細工の見世物を出している。神社仏閣や六尺あまりの大灯籠を展示し、小寺とともに評判となった（『郵便報知新聞』明治八年五月三日、六月十八日）。また、生人形の見世物が銀座に四カ所も出ていると同年五月十五日の『朝野新聞』が報じている。

報知新聞（明治二十七年に郵便報知新聞を改題）の記者だった篠田鉱造が明治末年に、明治初年の市井に伝わる話が失われるのを気遣って採集してまとめたのが『明治百話』（昭和六年）である。そのなかに「興行物で賑う煉瓦通」という項目があって、話し手は次のように語っている。

表3—5　明治6～18年の12年間の譲替回数

回数	1等煉瓦家屋		2等煉瓦家屋		3等煉瓦家屋		合計	
	実数	%	実数	%	実数	%	実数	%
なし	52	21.5	142	21	113	21.6	307	21.3
1回	50	20.7	190	28.1	157	30	397	27.5
2回	54	22.3	167	24.7	132	25.2	353	24.5
3回	42	17.3	91	13.5	60	11.4	193	13.4
4回	36	14.9	45	6.7	25	4.8	106	7.4
5回	6	2.5	24	3.6	14	2.7	44	3.1
6回	1	0.4	11	1.7	10	1.9	22	1.5
7回			3	0.4	7	1.3	10	0.7
8回			2	0.3	6	1.1	8	0.5
9回	1	0.4	1	0.2			2	0.1
合計	242	100	676	100.2	524	100	1442	100

原資料は表3-4と同じ。

尾張町の裏通りは今でもバアーカッフェーの怪しい魔窟みたいであるが、昔もソノ通りで、ちょっと一杯の呑屋があって、風紀上は面白くなかったが、土地繁昌策として、煉瓦通りの振興上、政府はそれを見て見ぬふりをしていた、全くいかがわしい家が、軒を並べていて「お寄りなさいよウ、ちょっと飲んでいらっしゃい」と、白首が呼び込んだものです。浅草や神明前、湯島、郡代の矢場同様、呼び込みでしたから愕く、馴染になると、チョット寄って、ちょっと一杯呑んでいったものです。

興行物はとても諸種類が集まっていて、招魂社の御祭礼みたいでした。あの頃流行ったのが、貝細工の人形で、日本武尊のウワバミ退治なんかが大人形で出来ていました。次が猿芝居で大供子供を喜ばしていた。今日は見懸けないが、猿の熊谷次郎直実が、黒犬に跨って、一ノ谷の芝居を演るんだがよく覚え込んでいたものでした。ろくろッ首なんか忌なものだが、よくある奴で、盛んに見世物が、声を嗄らして、千客万来を誘っていたものです。

篠田鉱造『明治百話』下（岩波文庫）平成八年

表3—5は明治六年から同十八年の一二年間に同一煉瓦家屋が何らかの理由で譲りかえが行われた回数を示したものである。表3—4に示すように、明治十五年の段階まで払い下げが決まらず空家の状態であったりするのであるが、表3—5では払い下げがあった時点から集計している。なお、第3—4と同じように、家屋の所有関係を示すもので、当然のことながら、居住しているかどうかはわからない。また、複数家屋を所有して所有者がかなりおり、大家として借家人に貸し出している場合も想定できる。その関係は複雑であるが、ここでは単に家屋の移動についてみることとなる。

表3—4でみたように、一等煉瓦家屋は竣工後日数を置かずに所有者が決まったのに対して、二・三等煉瓦家屋は、明治十年までは建設中であったし、それ以後も所有者が決まらず相当数空家となっていたことを考慮にいれ単純に比較することはできないが、次のような傾向がみてとれる。わずか一二年間という短い期間ではあるが、所有者が変わらない家屋の比率は一・二・三等煉瓦家屋とも二一％で五軒に一軒の割であるのに対して、二回以上が五一・二％、三回以上で二六・七％である。ここでは一・二・三等間の差異の傾向には触れないが、譲りかえ回数の多さは異常である。

譲りかえの理由は何であったのか。断片的にしかわからないが、次にみていくことにする。煉瓦家屋の所有者の多くは家屋代金の支払いは月賦払いのものが多く、譲りかえには東京府への届け出が必要であった（各年度の一等・二等・三等家屋それぞれの「煉化家屋払下願」）。その書類に譲り渡しに至った理由が付されているものがある。「開業以来発病」「死去」などの理由が多く散見されるが、それ以外では「金融の行きずまり」「商業向差支」「商業手違の儀出来（しゅったい）」「商法見込違之廉」など商売上の挫折をうかがわせるものがほとんどである。大志を抱いて煉瓦街に新天地を開こうとした人々のなかには病気、死去や商売上の挫折という個人的な理由のほかに当時の経済情勢の影響があった。明治十年代は西南戦争の戦費が嵩んだあとを受けて、明治十四年に松方正義が大蔵卿に就任すると、いわゆる松方財政のデフレ政策で明治十八、九年まで深刻な不況時代が続いたことである。これが明治十年代における煉瓦家屋の譲りかえが頻発した背景にあったと考えられる。

表3―6　煉瓦家屋の族籍別家屋所有者

	明治18年			
	1等家屋	2等家屋	3等家屋	合計
華族	1（5）	1（2）	2（15）	4（22）
士族	32（53）	140（245）	77（113）	249（411）
平民	132（178）	280（403）	260（375）	672（956）
不明	5（6）	16（20）	21（21）	42（47）
その他		3（6）		3（6）
合計	170（242）	440（676）	360（524）	970（1,442）

カッコ内は戸数。原資料は表3-4と同じ。

次に家屋の払い下げが完了した明治十八年時点の族籍別の数値を示したのが表3―6である。全体でみると、一四四二戸の煉瓦家屋を九七〇名が所有していた。族籍別では、平民は六七二名（六九・三％）が九五七戸（六六・三％）を所有し、士族は二四九名（二五・七％）が四一一戸（二八・五％）を所有し、華族は四名（〇・四％）が二二戸（一・五％）を所有し、族籍不明とその他は四五名（四・六％）が五三戸（三・七％）を所有していた。とくに注目したいのは士族の存在である。明治五年調査の「東京府志料」によれば、銀座の住人のうち士族はわずかに八名にすぎなかったのに、明治十八年では二四九名に増加している。煉瓦街の建設によりこのように多数の士族が銀座に流入してきたのである。とくに二等煉瓦家屋の士族の家屋所有率が高いことである。一四〇名の士族が二等煉瓦家屋二四五戸を所有していた。その一四〇名のうち官僚（軍人を含む）と判明するものだけで三九名を数える。

その士族がどのような職業についていたかの詳細を明らかにしえないが、二等煉瓦家屋の「払下台帳」から拾っていくと、意外に中堅官僚、軍人の多さに気づく。例えば政府の中枢を占める西郷隆盛、井上馨などは日本橋の旧大名屋敷を拝領し、大隈重信は築地の旗本屋敷を拝領しているのに対して、全国から集められた明治政府を支える中堅官僚たちの住居は、政府機関の集中する丸の内周辺に求めなければならなかったが、空き家の多かった二、三等煉瓦家屋にその住居を求めたものと考えられる。

二等煉瓦家屋を所有していた官僚たちはどのような人物であったか、全てについて掲げる紙幅がないの

所有期間前後の役職	その後の履歴
元老院副議長	東京帝国大学初代総長
太政官吏員	帝国大学教授、「米欧回覧実記」編集
太政官大書記	外務大臣
東京英語学校教諭	外務省書記官、アメリカで自殺
内務省土木局	「土木工要録」著者
民部・工部省雇	「団団珍聞」、「驥尾団子」発行
内務省地理局測量技師	東京三角点測量
官営富岡製糸所所長	生糸直輸出会社・横浜同伸会社社長
大蔵小書記官	元老院議官、滋賀・大分・福岡県知事
判事・大蔵省書記官	韓国財政顧問・枢密顧問官
司法省大書記官	大審院判事、東京弁護士会会長
司法省判事	広島・函館控訴院長
福島裁判所々長か	博臣の長女は森鷗外の妻
司法省雇	司法省民部局長、貴族院議官
宮城控訴裁判所検事	東京重罪裁判所長
長崎上等裁判所判事	東京代言人組合初代会長
工部省営繕局か	鹿鳴館の建設に従事、大日本土木社長
文部省大書記官	元老院議官
農商務省	内閣統計局初代局長
宮内省権大書記官	大阪府知事、元老院議官
医師	明治天皇侍医
陸軍工兵少佐（測量）	陸軍少将
海軍軍医総監	貴族院議員
海軍小書記官か	主計総監、貴族院議員
東京府技師、東京市区改正計画立案	工部省技師

表3―7　二等煉瓦家屋所有士族のうち官僚（軍人を含む）抄録

氏名	所在地	所有期間	出身地
渡辺洪基	西紺屋町 19	明治15年12月～	福井県
久米邦武	三十間堀 2-10	明治8年8月～	佐賀県
小村寿太郎	三十間堀 1-7	明治14年3月～	鹿児島県
江木高遠	山城町 3	明治10年5月～	広島県
高津儀一	西紺屋町 1	明治17年12月～	
野村文夫	日吉町 8	明治17年10月～	広島県
三輪昌輔	南鍋町 1-2	明治12年11月～	山口県
速水堅曹	日吉 18	明治16年6月～	埼玉県
岩崎小二郎	日吉 7	明治9年9月～	長崎県
目賀田種太郎	南紺屋町 19	明治12年11月～	静岡県
磯部四郎	瀧山町 8	明治16年6月～	富山県
一瀬勇三郎	南鍋町 1-3	明治17年2月～	長崎県
荒木博臣	鎗屋町 8	明治12年11月～	長崎県
菊地武夫	加賀町 18	明治15年5月～	青森県
木原章六	日吉町 20	明治16年11月～	広島県
元田直	銀座 1-5	明治13年11月～	大分県
伊集院兼常	出雲町 14	明治18年6月～	鹿児島県
中島永元	日吉町 15	明治9年6月～	佐賀県
花房直三郎	山城町 12	明治17年4月～	岡山県
建野郷三	南金六町 13	明治10年8月～	福岡県
山川幸喜	元数寄屋町 2-9	明治8年4月～	高知県
田坂乕之助	惣十郎町 20	明治17年1月～	広島県
高木兼寛	新肴町 14	明治18年2月～	熊本県
村上敬次郎	山城町 15	明治11年3月～	広島県
原口要	山城町 13	明治16年6月	佐賀県

で、抄録して示したのが表3―7「二等煉瓦家屋所有士族のうち官僚たち（軍人を含む）抄録」である。表に示したように、多彩な官僚、軍人たちで、のちに政府の枢要な地位につく人たちがほとんどである。銀座の空き家がこれら官僚たちによって埋められていった。

もちろん、銀座という舞台で活躍した人々の中心になったのは商人たちであった。そのルーツをたどるのは難かしい。江戸時代から続く商人もあったが、その大部分は新天地を銀座に求めて地方からやってきた人々であったといってよいであろう。その多くが洋品を取り扱う店であったのも煉瓦街の特徴である。譲りかえが多かったことについてはすでに述べたように、いくつかの試練を乗り超えて、銀座に根を下ろし一応安定して商売ができるようになるのは、明治二十年代に入ってからである。前記官僚たちの消費動向についても明らかにし得ないが、銀座の商店にとってよい顧客であったことは間違いない。

明治初期、銀座が文明開化の象徴として全国に喧伝された。その役割の一翼をになった報道機関、例えば新聞社、通信社、広告会社の大部分が銀座に集中したことはよく知られている。また、明治七年頃から、板垣退助（銀座三丁目一二番地に一等煉瓦家屋を明治十五年十一月七日から同十八年六月四日まで所有）を中心とした民撰議院設立を要求するいわゆる自由民権運動が盛んとなり、それはやがて国会開設請願運動として全国的な広がりをみせ、請願のため全国から集まった請願人たちが銀座とその周辺の旅館に泊まり、連日のように内閣に請願を繰り返した。この時期、幸福安全社、国会期成同盟本部、自由党本部や都市結社の一つ共存同衆館などが銀座に事務所を構えた。代言人（のちの弁護士）も銀座に集中していた。明治十六年六月刻成の『東京横浜代言師一覧』（松井紀之助出版）によると、東京の代言人数一六三名のうち五四名が銀座に事務所を構えている（野口孝一『銀座煉瓦街と首都民権』平成四年、悠思社）。

こうしてみると、空き家は、官僚たちと、新聞社、雑誌社、通信社、代言人など明治時代になって新しく生まれた新職業の人々によって埋められ、空き家問題は解決に向かったといってよい。そして幕末に形成された新橋花街が明治五年の銀座大火の際に新橋烏森に退避していたのが、煉瓦街完成と同時に銀座に復帰し、明治政府高官らの庇護を受けて江戸以来の伝統を持つ柳橋花街を凌駕する勢いを持つようになり、銀座に歓楽街の性格を付与することとなった。

7　市区改正事業の動き

明治五年の大火後の銀座煉瓦街の建設に引き続き、東京を不燃化都市に改造する構想は、建設費が嵩み、財政上の問題と、空き家問題などから挫折し、あらためて市区改正事業として引き継がれることとなる。

東京において明治五年の大火後も明治九年十一月二十九日の数寄屋町（現中央区八重洲二丁目）火事、明治十二年十二月二十六日の箔屋町（現日本橋三丁目）火事と大火が続いた。その約一年後の明治十四年一月二十六日に神田区松枝町（現千代田区岩本町二丁目）から出火した火災は、日本橋区に延焼、さらに墨田川を越え、本所区、深川区に燃え広がり、焼失町数五二カ町、消失戸数一万六三七戸を数え、明治年間における東京最大の火災となった。明治十四年の松枝町火災後に東京府は「防火令」を出し、日本橋区、京橋区、神田区の幹線道路七本、主要運河一六本を指定して、これら路線に面した家屋は煉瓦・石・土蔵造りとし、しかも指定された期限内に改造に応じない場合は建物を取り壊すというものであった。その結果、東京は土蔵造りの街並みへと変わっていった。

明治十七年十二月に内務省内に設けられた市区改正審議会の論議を経て、さらに明治二十一年八月に東京市区改正条例が発布され、東京の都市改造の出発点となった。

明治二十二年に大日本帝国憲法が発布され、翌年帝国議会が発足し、近代社会の体制が整うと同時に、日清・日露の戦争を経験し、その過程で銀座は東京随一の繁華街に発展した。その基礎となったのが煉瓦街であった。

（野口孝一）

参考文献

池田真歩　二〇一七「地方と国家の間の首都計画」『史学雑誌』第一二六編の三

石川悌二　一九七七『東京の橋―生きている江戸の歴史―』新人物往来社

伊東　孝　一九八六『東京の橋―水辺の都市景観―』鹿島出版会

伊東　孝　一九八七「明治期における主要な橋の配置計画とデザイン思想」『第七回日本土木史研究発表会論文集』

伊東　孝　一九九三『東京再発見―土木遺産は語る』岩波新書

馬木知子　二〇〇三「明治期における日本橋の修繕・改架にみる「美観」の意味について」『都市計画論文集』三八―三

榮森康治郎　一九八四『新聞にみる ふるさと東京の水』有峰書店新社

笠原知子　二〇一〇『技師たちがみた江戸・東京の風景』学芸出版社

香取秀真　一九一四『日本鋳工史稿』甲寅叢書刊行所

香取秀真　一九四一『金工史談』桜書房

香取秀真　一九四七『鋳物師の話』大日本雄弁会講談社

金山弘昌　二〇一二「妻木頼黄と日本橋の意匠」『人文科学』慶應義塾大学日吉紀要刊行委員会編

銀座文化史学会　二〇一七『謎のお雇い外国人ウォートルスを追って―銀座煉瓦街以前・以後の足跡』銀座文化研究別冊

建設省関東地方建設局　東京国道事務所　一九九九『日本橋装飾修復報告書』

後藤宏樹　二〇一六「常盤橋門跡と明治の石橋・常盤橋の修理」『文化財ニュース』千代田区日比谷図書文化館

後藤宏樹　二〇一六「東京における明治期の石橋築造と房州石の利用―常盤橋を中心に―」『房州石の歴史を探る』第七号

斉藤月岑　一九六八『増訂武江年表』二、東洋文庫一一八
櫻井良樹・松山恵・鈴木勇一郎　二〇一七「インフラ整備」『東京の歴史　通史編3　明治時代～現代』吉川弘文館
篠田鉱造　一九九六『明治百話』下、岩波文庫
鈴木理生　二〇〇六『江戸の橋』三省堂
鷹見安二郎　一九三二『東京市史外篇　日本橋』東京市役所
中央区教育委員会編　一九九八『中央区の橋・橋詰広場』
千代田区教育委員会　二〇〇一『東京都千代田区　岩本町二丁目遺跡』
千代田区東京駅八重洲北口遺跡調査会　二〇〇三『東京都千代田区　東京駅八重洲北口遺跡』
千代田区道路公園課・文化振興課　二〇一六『常磐橋の修理工事―解体調査結果と修復方法―』(常磐橋修理工事第二回現場見学会資料)
東京市役所　一九二三『東京市史稿　上水篇　第二』
東京市役所　一九二三『東京市史稿　上水篇　第三』
東京都　一九五五『銀座煉瓦街の建設』都史紀要三
東京都　一九五四『東京市史稿　上水篇　第四』
東京都　一九五九『市政裁判所始末　東京府の前身』都史紀要六
東京都北区教育委員会　二〇一〇「明治二年創業以来調書」『堀船地区田中煉瓦文書調査報告書』平成二十二年三月
東京都公文書館所蔵文書の内、銀座煉瓦街関係文書
東京都水道局　一九五二『東京都水道史』
東京都水道局　一九六六『淀橋浄水場史』
東京都水道局　一九九九『東京近代水道百年史　通史・部門史・資料・年表』
東京都水道局給水部漏水防止課　一九七二『各年代水道用鋳鉄管規格収録書』
東京都水道局水源管理事務所　二〇〇二『水道水源林一〇〇年史』

東京都埋蔵文化財センター　一九九七『汐留遺跡Ⅰ―旧汐留貨物駅跡地内の調査―』
中井　祐　二〇〇五『近代日本の橋梁デザイン思想―三人のエンジニアの生涯と仕事』東京大学出版会
（一般社団法人）日本ダクタイル鉄管協会編　二〇一八『ダクタイル鉄管ガイドブック』
日本橋開橋祝賀会　一九一二『開橋記念　日本橋志』東京印刷株式会社
日本橋記念誌発行所　一九一一『日本橋紀念誌　完』
野口孝一　一九九二『銀座煉瓦街と首都民権』悠思社
野口孝一　一九九七『銀座物語』中公新書
野中和夫　二〇一四「宮城と関東大震災―宮内庁宮内公文書所蔵資料から―」『利根川文化研究』第三八号
野中和夫　二〇一五『江戸城―築城と造営の全貌―』同成社
野中和夫　二〇一五「宮城、大手石橋新造に伴う石材需要に関する一考察―宮内庁宮内公文書館所蔵資料から―」『城郭史研究』第三四号
野中和夫　二〇一八「大手石橋・二重橋鉄橋の装飾性と機能性―宮内庁宮内公文書館所蔵資料から―」『想古』第一一号、日本大学通信教育部学芸員コース
野中和夫　二〇一八『明治宮殿の室内装飾』私蔵本
野中和夫　二〇一九「皇居造営に伴う物揚場の整備と鉄路、附道路整備―宮内庁宮内公文書館所蔵資料から―」『利根川文化研究』第四二号
服部誠一　一八七四『東京新繁昌記』『明治文学全集』四
原　史彦　二〇〇六「写された江戸城」『東京都江戸東京博物館研究報告』第一二号
藤森照信　一九八二『明治の東京計画』岩波書店
ブスケ、ジョルジュ（野田良之・久野桂一郎訳）一九七七『日本見聞記』一
文京区教育委員会　二〇一四『東京都文京区　小日向一・二丁目南遺跡―文京区立福祉センター（仮称）建設に伴う埋蔵文化財緊急発掘調査報告書―』

堀越正雄　一九八一『水道の文化史』鹿島出版会
松尾美恵子　二〇〇六「江戸城門の内と外」『東京都江戸東京博物館研究報告』第一二号
松村　博　二〇〇七『【論考】江戸の橋　制度と技術の歴史的変遷』鹿島出版会
湯川文彦　二〇一五「三新法の原型」『史学雑誌』第一二四編の七
由利兼次郎編　一八七八『東京自慢』
ロチ、ピエール（村上菊一郎・吉氷清訳）一九七〇「日本の秋」『世界教養全集』七

あとがき

明治維新一五〇年の節目となる昨今、何かと明治時代に焦点をあてた論考が増えている。政治革命はもとより、我国の近代化・西欧化を考える上で、この時代を欠かすことができないからである。

ふり返って、江戸・東京の都市整備をみると、政治上作為的なものと、火災・洪水・地震・戦争などの災害復興を目的としたものとの両者がある。前者の場合、江戸時代であれば家康・秀忠・家光と続く三代の将軍によって江戸城修築が進められ、同時に都市の基礎が築かれる。城郭としての区画・防衛はもとより、掘削した大量の土砂を日比谷入江をはじめとする江戸湾に埋め立てることで、武家地・商業地の確保、さらには港の整備に繋げる。寺社の移転、町屋の指定、上下水道の整備、リサイクル社会の形成等々、枚挙にいとまはない。この都市整備が、今日の東京の礎となっているといっても過言ではない。

他方、後者の場合、短期間での復旧と、災害に強い復興が求められるが、その効果を考えると都市であるが故に難しいことが少なくない。災害史上、最も被害の大きなものの一つに明暦大火がある。この火事では、江戸市中のおよそ三分の二が羅災し、死者が十万人を超えた。幕府は、復興にあたり、火除地を設け、延焼の防止を考える。防火用水や火消道具、消防組織の充実などを図るが一向に火事の件数が減ることはなかった。享保期には、江戸の人口が一〇〇万人を超え、世界有数の都市となる。一方、密度の高い木造家屋は、火災には滅法弱い。すなわち、災害後の復興では、綿密な計画のもと災害に強い街づくりを実践することが容易ではないことを示唆している。

維新後の急速な近代化・西欧化は、明治政府主導であることに間違いがない。それは、近代国家としての首都整備を図るものである。富国強兵・殖産興業の実践として、東京府内に官営工場や民間工場建設を推進する。担当所管の工部省では、赤羽・深川・品川に工作分局を設ける。赤羽工作分局では、八幡橋の鉄橋部材をはじめ各種機械や付属品、深川工作分局ではセメント、品川工作分局ではガラスを製造する。これらは、輸入品に依存するのではなく、自国で生産することによって、国力を強化する狙いがあった。さらに、工場が稼動することで雇用を生み、技術の広がりにも役立った。しかし、工作分局は、需要の拡大と民間企業との競合のなかで、明治十八年前後を境として急激に衰退する。価格競争に敗れるのである。

ところで、政府が進めた近代化が民衆に直に受け入れられたわけではない。本書では、明治五年の銀座大火を契機とし、不燃化都市の建設を目指してトーマス・J・ウォートルスが設計した銀座煉瓦街について少し触れた。この新たな街づくりは、煉瓦建物を一等から三等に分け、総戸数一四四二棟を建設する。完成が明治十年五月のことである。政府が投入した予算が一八〇万円。当時の政府歳入予算が五二三四万円であることから、三・七％にあたる。銀座煉瓦街は、西欧の新たな建築様式を取り入れた最新の高級建物であったわけである。それにもかかわらず、不人気で空家が続出したという。つまり、人々にこの計画が侵透しなかったのである。

新政府は、江戸城の城門を撤去し、濠に架かる木橋を石橋に架けかえる。前述した銀座煉瓦街、新橋と横浜間を走る鉄道等々の構造物は、外観からして、新時代の到来を示すには十分であったのかも知れない。しかし、江戸から東京に移行した街並を、計画性をもって整備したかというと疑問が残る。

昭和三十九年（一九六四）のオリンピック開催で、東京の街は大きく整備された。各競技場はもとより、ホテル、首都高速道路、新幹線など相次いで建設し、開通もする。テレビは、カラー放送がはじまる。つまり、東京オリンピックを契機として、インフラが整備されたのである。

明治東京の都市整備に、皇居造営が果たした役割は甚大である。明治天皇が東幸し、その時点では、徳川政権下の元治度西丸仮御殿が仮宮殿であった。この仮宮殿は、明治六年五月五日の女官部屋の出火が要因となり、灰燼に帰す。新宮殿の位置と建築様式をめぐり紆余曲折するが、明治十一六年七月十七日の太政官布達に基づき決定する。翌年四月、地鎮祭が行われ、明治二十一年竣工するが、注目されるのが計画性、高度の技術力と芸術性である。本書とは離れるが、宮殿内の室内装飾は、帝室博物館長（当時は心得）の山高信離が監修し織物や家具など調度品の指導は、西欧に渡航し、技術を修得した担当官が行う。つまり、一貫性を保ち、かつ国の威信をかけて造りあげているのである。

表宮殿の間内には、豪華なシャンデリアが垂下する。今日では普通の光景であるが、仮にこの明かりが瓦斯燈であったならば、参列した外国の要人には、奇妙に映ったに違いない。電燈を決断した時点では、誰も電気の明かりをみたことがなく、点火試験をしたとはいえ、長時間の室内での使用と漏電の不安を払拭するには至らなかったと推察される。宮殿内外での電気の導入は、明るさに加え、安定性・安全性が立証されたことで、たちまち普及していくことになる。

水道事業も、東京府内では多難であった。水質浄化には、石樋・木樋から鉄管への切りかえと浄水場の建設が不可欠であった。東京府水道掛は、これを熟知していたが、鉄管は輸入品に依存せざるを得ない状況下にあり、独自で着工するには、費用を念出することができなかったのである。皇居造営で水道工事が成功し、水質の浄化が証明されたことで、国の承認を得ることになる。鉄管への切りかえ工事は、明治二十七年から順次行われる。淀橋浄水場の建設も同様である。

全てがうまく運ぶわけではない。道路や下水整備などは、後年になる。道路は、内務省が構造基準を示しても、自動車が往来しないため堅固な下地や舗装する必要がない。下水は、明治十七年、神田に汚水排除施設ができるが、普及することはなかった。明治三十三年に下水道法が制定されるが遵守されることはなく、旧来の下水路で汚水が濠に流入していたのである。

ここに、都市整備の限界を見出すのである。

本書では、明治期、東京の都市整備について、執筆者が各々、新資史料の紹介と検討を兼ねて述べている。紙面の都合で、取り扱う項目が少ないことはご容赦願いたい。

本書を上梓するにあたり、宮内庁書陵部宮内公文書館、東京都水道局、東京都水道歴史館、東京都中央区郷土天文館の各機関、写真家の小池汪氏をはじめとする個人の方々からは、資史料掲載のご快諾と教示をいただいた。さらに、同成社の山脇洋亮氏・佐藤涼子氏・山田隆氏には、編集・出版に終始お世話をいただいた。心より御礼を申し上げたい。

平成三十年九月二十五日

野中和夫

編者紹介

伊藤一美（いとう・かずみ）第1章執筆。

1948年生。

現在、葉山町文化財保護委員会会長。

藤沢市・逗子市文化財保護委員。

〔主要著書〕

『都市周縁の地域史』（第一法規、1990年）。『大庭御厨に生きる人々』（藤沢市文書館、2015年）ほか。


木下栄三（きのした・えいぞう）「はしがき」執筆。挿絵（7頁・20頁・63頁・75頁）。

1950年生。

建築家、画家、江戸文化歴史検定1級合格。（有）エクー　取締役社長。

建築では教会、住宅、幼稚園、商業施設などを設計しコンペにも多数入賞。

土木では「二ヶ領宿河原堰」の設計で土木学会デザイン賞最優秀賞を受賞。

画家としては水彩画で神田、東京、日本、世界の風景を描く。

ほかに歴史解説するための「重ね絵図」や江戸城に関する絵図も多い。

野中和夫（のなか・かずお）第2章、「あとがき」執筆。
1953年生。
現在、日本大学・拓殖大学・千葉経済大学講師。
〔著書〕
『江戸・東京の大地震』（同成社、2013年）。
『江戸城—築城と造営の全貌—』（同成社、2015年）。
〔編著〕
『石垣が語る江戸城』（同成社、2007年）。
『江戸の自然災害』（同成社、2010年）。
『江戸の水道』（同成社、2012年）。

執筆者紹介（50 音順）

金子　智（かねこ・さとし）第 3 章第 2 節第 5 項執筆。

1966 年生。

早稲田大学大学院文学研究科史学（考古学）専攻博士後期課程単位取得退学。

港区立港郷土資料館、千代田区立四番町歴史民俗資料館、高浜市やきものの里かわら美術館勤務を経て、
現在、東京都水道歴史館勤務。

〔主要論文〕

「丸の内を中心とした近世初頭の遺跡について」（江戸遺跡研究会編『江戸の開府と土木技術』吉川弘文館、2014 年 12 月）。

「特異な文字文瓦について」（『東アジア瓦研究』第 5 号、2016 年 12 月）。

「城郭の瓦」（中井均・加藤理文編『近世城郭の考古学入門』高志書院、2017 年）。


金子千秋（かねこ・ちあき）第 3 章第 1 節執筆。

1982 年生。

茨城大学大学院人文科学研究科修士課程修了。

現在、中央区立郷土天文館主任文化財調査指導員。

〔主要論文〕

「律宗と常陸府中」（『茨城大学中世史研究』15、茨城大学中世史研究会、2008 年）。

「文献資料による調査」（『東京都中央区　日本橋人形町三丁目遺跡Ⅱ―中央区日本橋人形町三丁目 2 番 8・9 号　社屋建設に伴う緊急発掘調査報告書―ブルーミング中西株式会社、中央区教育委員会、2014 年）。

野口孝一（のぐち・こういち）第 3 章第 3 節執筆。
1933 年生。
東京都立大学大学院人文科学研究科修士課程修了。
川崎市立川崎総合科学高等学校教諭を経て、
現在、東京都中央区立郷土天文館勤務。

〔主要著書〕
『日本橋――東京の経済史――』（日本経済新聞社、1966年）。
『明治の銀座職人話』（青蛙房、1983年）。
『銀座煉瓦街と首都民権』（悠思社、1992年）。
『銀座物語』（中公新書、1997年）。
『銀座カフェー興亡史』（平凡社、2018年）。

吉田悠子（よしだ・ゆうこ）第3章第2節第1項～第4項執筆。
1983年生。
学習院女子大学国際文化交流研究科修士課程修了。
現在、東京都水道歴史館勤務。

明治《めいじ》がつくった東京《とうきょう》

2019年4月5日発行

編　者　伊　藤　一　美
木　下　栄　三
野　中　和　夫
発行者　山　脇　由　紀　子
印　刷　㈱　理　想　社
製　本　協　栄　製　本　㈱

発行所　東京都千代田区飯田橋 4-4-8
（〒102-0072）東京中央ビル
TEL　03-3239-1467　振替　00140-0-20618
㈱ 同成社

ISBN978-4-88621-818-6 C3321